# 数据中心能量管理：
# 电力–算力–热力协同

王永真　韩　特　韩　恺　著

科学出版社

北　京

# 内 容 简 介

本书立足人工智能高速发展背景下数据中心面临的电力消耗与碳排放挑战，结合新能源系统发展机遇，系统探讨算力-电力-热力协同在数据中心可持续发展中的关键作用。本书从宏观视角剖析全球算力电耗演变及中国能耗现状，揭示算效提升的迫切性，并梳理全球绿色低碳实践；微观层面则围绕数据中心分类、节能技术及算力-能源协同逻辑展开，通过知识图谱明晰技术热点与路径。核心章节深度解析算力与电力互动、算力与热力耦合的协同机制，结合规划案例实证分析，提出技术路径与发展建议。

本书融合前沿理论与工程实践，兼顾学术深度与应用价值，可为信息能源交叉领域的学者、工程师及研究生提供重要参考。

**图书在版编目（CIP）数据**

数据中心能量管理：电力-算力-热力协同 / 王永真，韩特，韩恺著. -- 北京：科学出版社，2025. 6. --ISBN 978-7-03-081961-1

Ⅰ. TP308

中国国家版本馆 CIP 数据核字第 2025LP6507 号

责任编辑：陈会迎 / 责任校对：姜丽策
责任印制：张 伟 / 封面设计：有道设计

科学出版社 出版
北京东黄城根北街 16 号
邮政编码：100717
http://www.sciencep.com

三河市春园印刷有限公司印刷

科学出版社发行 各地新华书店经销

\*

2025 年 6 月第 一 版 开本：720×1000 1/16
2025 年 6 月第一次印刷 印张：13 1/2
字数：272 000

**定价：146.00 元**

（如有印装质量问题，我社负责调换）

# 序

以 ChatGPT、智能计算为代表的人工智能（artificial intelligence，AI）的快速发展推动着全球计算能力的规模化高功率部署，并引发智算中心"快速激增的电力消耗需求"、"严峻的高密度散热挑战"以及"沉重的碳排放压力"。同时，以新能源为主体的新型能源系统的快速发展需要更多的灵活性资源以应对新能源的波动性，这为智算中心的可持续发展提供了新的机遇。

新型能源系统下，数据中心将不再是一个传统意义上的能源消费者，能源产消者的灵活性身份也赋予数据中心节能减碳的新面貌。不同于数据中心在供电侧、信息技术（IT）侧以及制冷侧的单一节能技术，实现智能计算算力底座与能源系统的协同发展和互补共赢，成为当前全球及我国智算中心可持续发展的迫切需求。

打通智算中心在上游绿色供电、中游智能计算和下游制冷供热的全要素灵活性资源，需要全链条统筹协调智算中心绿色电力消纳、算力负荷时空匹配以及中低温余热利用，实现智算中心电力、算力、热力的协同。如此，将对信息与能源系统规划优化及运行调控产生巨大的反哺作用，促进算力比特与能源瓦特的全要素生产率的提高。

为给算力-电力-热力协同领域的广大从业者提供一个基础参考，特别是给热心于研究数据中心能源资源管理、电力系统规划调度以及散热制冷的学者、学生和政策决策者提供一些最新素材，《数据中心能量管理：电力-算力-热力协同》在作者团队的《算力-电力-热力协同：数据中心综合能源技术发展白皮书》的基础上应运而生。

本书宏观、介观与微观相结合，努力全面地展示当前国内外算力-电力-热力协同交叉下数据中心能量管理的背景意义、内涵外延、关键技术和发展趋势。不得不承认，本书是作者团队对能源与动力、电力系统自动化以及能源环境等领域的有限知识的整合，也尽可能地结合了相关学者的宝贵观点，但难免挂一漏万。

算力-电力-热力协同的"三人舞"，具有客观的节能减排潜力，但是仍处于初级阶段，只有广大从业者进行广泛而深入的学科交叉和合作交流，方能推动系统化协同的高质量发展。

王永真

2025 年 4 月

# 前　言

数据作为新型生产要素，正在深刻改变着人类社会的生产方式、生活方式和社会治理方式，以大模型为代表的数字技术的快速发展带来了数字经济的蓬勃，并推动人类迈入智能化社会。算力作为数字经济时代的关键基础，是集信息计算力、网络运载力、数据存储力于一体的新型生产力，数据中心成为重要的新型基础设施之一，并在国家"东数西算"等工程战略指引下快速发展。

人工智能的快速发展引发了数据中心等算力基础设施巨大的电力消耗危机，带来了沉重的碳排放压力。同时，以数据中心为代表的算力基础设施具有单体能耗大、灵活性好、余热量多的特征，具备与新型电力系统形成良好源荷互动的巨大潜力。预计到 2035 年，中国数据中心和第五代移动通信技术（fifth generation of mobile communications technology，5G）总用电量将超过 8000 亿 kW·h，预计占中国全社会用电量的 4%—6%，超越四大高耗能行业的用电水平，数字基础设施将成为影响电力系统能量供需平衡的重要负荷。2035 年中国数据中心和 5G 的碳排放总量预计达到 3 亿 t，约占中国碳排放量的 3%。可见，数字基础设施的碳排放将成为中国实现碳达峰以及进一步碳中和的重要挑战。

因此，"以什么能源及其适配方式来满足数据中心的能耗"已成为数据中心可持续发展的热点问题。随着《"十四五"数字经济发展规划》等政策文件的出台，国家明确提出要构建全国一体化大数据中心体系，加强算力基础设施建设，提升算力供给质量和服务水平。在此基础上，国家进一步提出了"东数西算"战略，要求优化数据中心布局，加快构建全国一体化算力网。2024 年 7 月印发的《数据中心绿色低碳发展专项行动计划》与《加快构建新型电力系统行动方案（2024—2027 年）》，均提出要统筹数据中心发展需求和新能源资源禀赋，科学优化资源配置，提升算力与电力协同运行水平，加强数据中心余热资源回收利用等新要求。

新型电力系统及智算的快速发展，给数据中心的节能减排带来了新的挑战和机遇，原有数据中心算力与能源在规划运行上相割裂的现状值得思考与变革。一方面，随着新一代信息技术的快速发展，数据资源存储、计算和应用需求大幅提升，传统数据中心正加速与网络、云计算融合发展，加快向新型数据中心演进，"东数西算"、新型算力体系给数据中心内部及其能源系统的协同互动带来无限可能；另一方面，基于梯级利用、多能互补、源网荷储的综合智慧能源理念、技术和模式的发展，驱动数据中心"算力网"与邻域"电力网""热力网"深度融合，打造面向数据中心的算力综合能源，实现数据中心集群节能降耗、绿色高质量可持续发展。因此，全链条统筹协调智算中心绿色电力消纳、算力负荷时空匹配以及中低温余热利用，实现智算中心电力、算力、热力的协同，将对信息与能源系统规划优化及运行调控产生巨大的正向作用，将促进全要素生产率的提高。

　　立足上述背景，本书分析了数据中心"算力网"、"电力网"和"热力网"协同规划与调度的可行性，提出算力-电力-热力协同数据中心算力综合能源新方案。首先论述中国能源电力的演变现状和能源转型的大背景，揭示当下构建算力综合能源的驱动力和必要性。其次采用知识图谱文献计量的方式，在计量数据中心"算力+能源"科研与产业发展的基础上，初步给出算力综合能源的概念和架构。同时就算力综合能源在"算力与电力""算力与热力"方面的关键技术进行系统性的刻画，论述其原理模式、研究现状和未来挑战。最后从"算力网"与"电力网"和"热力网"友好互动的视角，对算力综合能源的关键技术进行展望，并提出相关建议。

　　本书撰写过程中得到了韩俊涛、韩艺博、林嘉瑜、罗昊、宋阔、高伊彤、彭靖杰、李子贤、张哲等学生的帮助，再次表示感谢。算力-电力-热力协同仍在快速发展之中，本书相关内容仅是其中的一个缩影。因作者水平有限，本书难以避免存在一些局限的认识或者问题，也恳请读者多提意见。

编　者

2024 年 11 月

# 目　　录

# 第1章　人类社会的基础：能源与信息

## 导　　读

（1）2015 年以来，全球能源发展取得了历史性成就，特别是中国，基本形成了煤、油、气、电、核、新能源和可再生能源多轮驱动的能源生产体系。

（2）以中国为代表的发展中国家与以美国为代表的发达国家相比，发展中国家人均生活用电量和人均用电量均少于发达国家。

（3）信息及算力已成为大部分国家相互竞争的要素。未来，信息和算力将呈现快速增长趋势，全球多国都在布局相关基础设施。

## 1.1　物质、能源与信息概述

物质、能源、信息是支撑人类社会发展的三大资源。世界由物质组成，能源是一切物质运动的动力，信息是人类了解自然及人类社会的凭据。纵观人类社会发展历程，农业社会的核心资源是物质，工业社会的核心资源是能源，信息时代的核心资源是信息。信息资源由于具有不受时间、空间、语言和行业制约的特点，广泛应用于经济、社会各个领域和部门。从一定意义上说，信息资源是人类活动的最高级财富，现代市场经济一定程度上就是信息经济，体现信息资源集聚、交流、竞争、转化的过程；同时，信息资源能够提高人们的认识及素质，是促进社会进步的重要精神力量，让人们站在更高的视点上认识世界。

### 1.1.1　能源及其终端消费

能源，又称能量资源或能源资源，是指自然界中能为人类提供某种形式能量或可做功的物质资源。能源是可以直接或经转换成为人类所需的光、热、动力等任一形式能量的载能体资源。随着社会的发展，生产力越高，人类对能源的依赖程度越高。能源是人类社会赖以生存和发展的重要物质基础。如图 1-1 所示，纵观人类社会发展的历史，人类文明的每一次重大进步都伴随着能源的改进和更替。人类的进化发展离不开对能源的开发利用。远古时代人类学会了用火燃烧树枝来烹饪、取暖、照明等，能源利用进入了柴草时代。一直到 17 世纪，煤的开采和利用开始改变人类的生活。18 世纪中叶，蒸汽机的发明标志着煤炭时代的到来。19世纪中期，世界第一口油井让人类步入石油时代。经过 100 年的开发，内燃机和电力的使用使石油的全球消耗量在 20 世纪 60 年代超过了煤炭。虽然石油需求至今仍然在上升，但是它作为传统化石能源造成了严重的环境污染，并且面临着枯竭的危机。

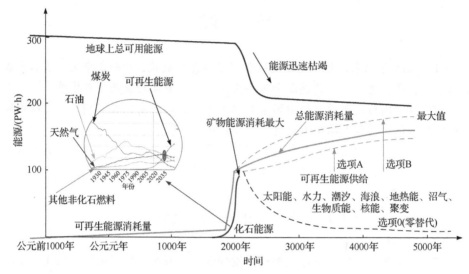

图 1-1　人类社会发展过程中能源的更替

资料来源：BP global（2020）

　　熵的视角揭示了一个重要的现实，即封闭的社会（没有外部输入的社会）内部问题会逐渐增多，最终导致社会被取代，但社会又是一个开放的组织及系统，与外界不停地发生着物质、能源和信息的交换。当前，全球使用与消费的能源，也正在从传统"黑色"的化石能源变为"绿色"的可再生能源。

　　能源是人类文明进步的基础和动力，攸关国计民生和国家安全，关系人类生存和发展，对于促进经济社会发展、增进人民福祉至关重要。在能源革命的推动下，近十年中国能源发展取得了历史性成就，基本形成了煤、油、气、电、核、新能源和可再生能源多轮驱动的能源生产体系（中华人民共和国国务院新闻办公室，2020）。其中，可再生能源开发利用规模快速扩大，水电、风电、光伏发电累计装机容量均居世界首位。可再生能源装机作为中国发电新增装机，主体地位进一步夯实，保障能源供应和推动清洁低碳转型的作用越来越突出。

　　随着信息时代的到来，人类对能源的需求日益强烈。对一次能源消耗量的统计如图 1-2 所示，使用替代法（substitution method）来统计从 1965 年到 2023 年的一次能源消耗量变化，其中，由于一次能源中传统生物质能源难以准确统计且影响较小，因此做简易处理将其忽略。由图 1-2 可知，从 1965 年到 2023 年，全球一次能源消耗量整体呈上升趋势。相对而言，在 1965 年至 1980 年，全球一次能源消耗量整体上升较缓。1980 年以后，特别是进入 21 世纪后，随着经济和科技的快速发展，全球一次能源消耗量快速增长。从 1965 年开始，尽管每一年上升的幅度并不大，但截至 2023 年，全球一次能源消耗量达到了约 170 000 TW·h，相对于 1965 年上升了约 300%。这个数据反映了全球经济活动和人类生活对能源的广泛依赖。能源消耗的种类包括化石燃料（如石油、天然气和煤炭）、核能以及可再生能源（如风能、太阳能、水能）。各国家和地区的能源消耗模式因其经济结构、工业发展水平和地理位置而异。带动能源消耗快速增长的是快速发展的经济和科技，美国这一类发达国家的能源消耗量几乎不再大幅度增长。快速发展的发展中国家 20 世纪时大力发展工业，到 21 世纪进入信息化时代对能源的消耗大幅增加。科技的进步不仅带来了经济的发展，也使全球能源面临更为严峻的挑战。

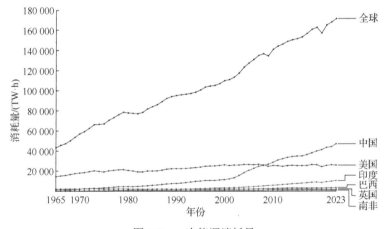

图 1-2　一次能源消耗量

资料来源：Our World in Data（2023a）

随着能源需求的增长、能源供给的多样化、全球气候的变化和人们的环境保护意识的增强，世界能源消费结构正在发生转变。虽然各国的进展和具体情况可能有所不同，但总体上，能源消费结构的转变体现为从传统化石燃料向可再生能源和核能过渡。这种转变的主要驱动力是对减少温室气体排放、应对气候变化、提高空气质量和增强能源安全的日益重视。比如，中国的能源消费结构正在经历显著的转变，由于对清洁、低碳能源的需求日益增长，以及需要缓解严重的环境污染问题和履行国际气候承诺，各项能源消费占比也在不断变化。根据国家能源局的数据，2022 年中国各项能源消费情况为：煤炭消费量占能源消费总量的56.2%，比上年上升 0.3 个百分点；规模以上工业原油消费量 20 467 万 t，比上年增长 2.9%，2016 年以来首次回升至 2 亿 t 以上；天然气、水电、核电、风电、太阳能发电等清洁能源消费量占能源消费总量的 25.9%，上升 0.4 个百分点。2023年全社会能源消费总量比上年增长 5.7%。随着能源消费绿色低碳转型进程的加快，非化石能源消费量占能源消费总量的比重稳步提升。可以看出，煤炭和石油仍然是中国主要的能源来源，而可再生能源的占比也在逐渐提升。中国能源消费结构的具体转变体现在以下几个方面：减少煤炭消费、开发应用清洁能源、注重能源高效利用、大力发展核能、推动电动化交通。这些能源消费形式的转变旨在减少环境污染、应对气候变化，并促进能源消费的可持续发展。同时，中国还将积极推动能源多样化和优化能源供需结构，以实现经济发展与环境保护的良性循环（共研产业研究院，2023）。

图 1-3 展示了 1990 年至 2025 年全球电力需求的变化趋势。从图 1-3（a）中可以看出，全球电力需求在这段时间内呈现出稳步增长的趋势。从 1990 年到 2025年，按地区划分的全球电力需求呈现出显著的增长趋势。其中，中国的电力需求增长最为迅速，从 1990 年的约 600 TW·h 增长到 2025 年的 10 000 TW·h 左右。亚洲其他国家、非洲和其他国家的电力需求也显示出明显的增长趋势，美国和欧洲始终保持其领先地位。中国和亚洲其他国家的电力需求显著增长，主要是由于这些地区的经济快速增长。随着工业化和城市化的推进，这些国家的制造业、服务业和居民生活用电需求大幅上升。从图 1-3（b）可以看出，从 1990 年到 2025 年，美国和欧洲的电力需求份额呈现出波动的趋势。1990 年和 2000 年，这两个地区的电力需求份额约为 50%，但随后有所下降。到 2025 年，这两个地区的电力需求份额降至 30% 以下。与此同时，中国和亚洲其他国家的电力需求份额则持续上升，

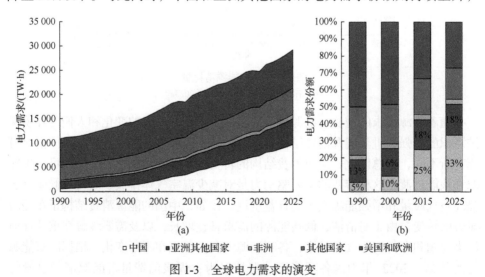

图 1-3　全球电力需求的演变

资料来源：国际能源署（2023）

到 2025 年分别达到 33% 和 18%。非洲的电力需求份额也有所增加，到 2025 年达到约 3%。

　　2021 年，中国全社会用电量 83 128 亿 kW·h，同比增长 10.3%，较 2019 年同期增长 14.7%，两年平均增长 7.1%。分产业看，第一产业用电量 1023 亿 kW·h，同比增长 16.4%；第二产业用电量 56 131 亿 kW·h，同比增长 9.1%；第三产业用电量 14 231 亿 kW·h，同比增长 17.8%；城乡居民生活用电量 11 743 亿 kW·h，同比增长 7.3%。2022 年，全社会用电量 86 372 亿 kW·h，同比增长 3.6%。按产业分类，第一产业用电量 1146 亿 kW·h，同比增长 10.4%；第二产业用电量 57 001 亿 kW·h，同比增长 1.2%；第三产业用电量 14 859 亿 kW·h，同比增长 4.4%；城乡居民生活用电量 13 366 亿 kW·h，同比增长 13.8%（国家能源局，2022；国家能源局，2023）。根据中国人口计算，2021 年和 2022 年中国的人均社会用电量为 5885 kW·h 和 6118 kW·h，中国人均生活用电量为 831 kW·h 和 947 kW·h。

　　如图 1-4 和图 1-5 所示，在人均用电方面，中国和美国仍然有显著差距，反映了经济和发展水平的不同。比如，1965 年之后，美国的人均能源消耗量远高于其他国家，这是其更发达的工业基础、更高的生活水平以及更广泛的能源利用需求所致。近几年美国人均能源消耗量变化趋于平缓，美国作为发达经济体，其每年的能源消耗量在世界范围内占据重要位置，尤其是在化石燃料（如石油、天然气、煤炭）的使用上。另外，从人均社会用电量的角度来看，美国的人均社会用电量普遍较高且上升缓慢，约 12 000 kW·h，而中国的人均社会用电量约 6000 kW·h，美国的人均社会用电量是中国的 2 倍。这反映了高度发达的电力基础设施和独特的电力消费习惯。美国的人均社会用电量在很大程度上取决于现代化的生活方式和高效的经济活动。生活用电上，中国作为发展中国家与美国存在较大差距。这在一定程度上体现了美国生活设施的电力需求较大。同时，城市居民的生活用电需求通常高于农村居民，这也会影响到整体的人均生活用电量。美国作为一个发达国家，其城市化率高于我们。近几年来美国人均生活用电量已经接近高峰，上升较为缓慢，随着技术的进步和能效的提高，人均生活用电量可能

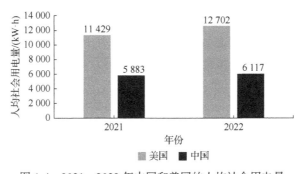

图 1-4　2021—2022 年中国和美国的人均社会用电量

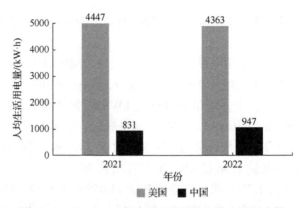

图 1-5　2021—2022 年中国和美国的人均生活用电量

会有所变化，比如，采用更高效的电器设备或可再生能源技术，可能会使人均生活用电量下降。中国正处于发展阶段，面临着一些挑战，随着经济增长和科技进步的持续推进，发展中国家面临着平衡经济发展与可持续能源利用的挑战，需要通过创新和可持续发展战略，逐步缩小与发达国家在能源消耗方面的差距。综上所述，人均用电量是一个复杂的指标，反映了国家经济结构、能源利用和技术发展水平。

### 1.1.2　信息及其数字经济

信息，通常指的是能够通过某种方式被传递、处理和解释的数据。在现代社会，信息是一种极其重要的资源，它可以帮助人们认识世界、做出决策和开展有效的社会活动。信息可以是数字、文字、图片、声音等形式的，它通过媒介（如书籍、电视、互联网等）进行传播。在信息时代，信息带来了巨大的生产力，用信息技术手段能够提高生产效率和创造物质财富的能力。信息生产力强调知识和智力资源的重要性，与传统的以物质资源为主的生产力有所不同，它能够快速、高效地处理大量信息，提高决策的速度和准确性。信息生产力是现代社会生产力的重要组成部分，促进社会经济的发展。

在信息时代，自然资源和一般劳动力资源的作用相对下降，而知识、信息等无形资源作为重要的战略资源被嵌入了经济结构的核心，各国抢占发展主导权的主要手段之一就是算力。据预测，到 21 世纪中叶，知识、信息对经济增长的贡献率将由 20 世纪末的 30%—60%上升到 90%以上。现在衡量一个国家的综合实力和竞争力，不仅要看其物质和能源的拥有量，更要看其信息资源拥有量以及信息资源价值转化的水平。从一定意义上说，谁掌握了信息优势，谁就能在国际竞争中占领主动地位，人类社会正在进入以信息生产力为标志的新阶段。信息生产力是由信息劳动者、信息技术和信息网络以及适应生产与生活需要的信息资源形成的新型社会化的生产能力，是当代最活跃、最重要、更加社会化的核心生产力。与传统工业生产力相比，信息生产力具有更优的技术基础，能更好地满足人的现实需求，更顺应人类文明的发展趋势。

当前，全球正以前所未有的速度迈向数字化。全球数据呈现指数级快速增长趋势，互联网流量仅在 2018—2022 年即增长了 3 倍，这种指数式增长迫使数据计量单位越变越大。全球互联网用户和设备也不断增加，截至 2024 年底，全球互联网用户数约为 55 亿人，约占全球总人口的 68%；而在 2001 年这一数字仅为 5 亿。全球移动互联网用户快速增长，并在 2017 年突破了 40 亿大关；全球移动电话的用户数量更是达到了惊人的 77 亿，比全球总人口还多。受益于物联网（internet of things，IoT）技术的发展，互联网设备（智能手表、智能家用电器、智能汽车等）数量爆发式增长，2020 年互联网设备的数量增加到 200 亿台以上。互联网产业发展日新月异，智能终端、传感器等设备智慧化、移动化方兴未艾，人们纷纷跳出信息被动接收者的角色，不断提高自己参加社会活动的广度和深度，变成了信息的主宰者、创造者。据统计，全球每分钟有 1620 万条信息、2.31 亿封电子邮件在发送，5 亿条推特被推送。谷歌每天需要处理 24 PB（petabyte，千万亿字节）的数据，其网站每分钟都会产生 900 万次搜索，使用者每个月通过移动互联网发送和接收的数据高达 1.3 EB（exabyte，百亿亿字节）（清华大学互联网产业研究院，2022）。

图 1-6 形象地展示了全球数据量及算力规模的发展，并对 2024 年和 2025 年的数据量进行了模拟和预测。从数据量的角度来看，从 2011 年的 5 ZB（zettabyte，十万亿亿字节）增长到 2023 年的 120 ZB，增长了 115 ZB。这表明全球数据量快速增长，尤其是近几年来，增长速度明显加快。从 2011 年到 2020 年，全球数据量呈现稳定上升趋势，从 5 ZB 增长到 64 ZB。全球数据量在逐年增加，为算力规模的扩大提供了基础。社会的快速发展也带来了大量需要处理的数据。从 2016 年到 2023 年，全球算力规模（以 EFLOPS[①]为单位）呈现出快速增长的趋势，数值从 140 增长到 1369。这可能与大数据、云计算、AI 等技术的快速发展有关，这些技术需要较高的计算能力来处理和分析数据。

全球数据量和算力规模的快速增长是多种因素共同作用的结果。随着科技的不断发展，全球对算力的需求也在不断增加。未来，随着更多新技术的应用和数据的爆炸式增长，算力规模还将继续扩大。因此对未来全球数据量和算力规模进行预测，其中 2025 年的数据是根据上几年的数据以及 23% 的复合年增长率预测的（Statista，2020）。另有组织预测，全球 2024 年将生成 159.57 ZB 数据，2028 年将增加一倍以上，达到 384.6 ZB，复合增长率为 24.4%（IDC，2024）。

---

① FLOPS 即 floating point operations per second（每秒浮点运算次数），EFLOPS 即 exaFLOPS（每秒百亿亿次浮点运算次数）。

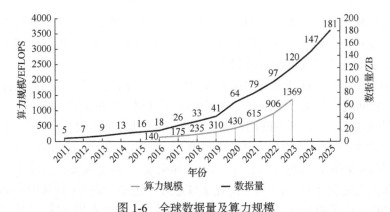

图 1-6　全球数据量及算力规模

资料来源：中国信息通信研究院，《中国算力发展指数白皮书》，Statista 数据库

信息生产力发展不仅表现为生产效率提高，能生产出更多的产品，而且体现为整个社会在一种信息共享的更大前提下，实现整个社会效益的提高。信息生产力对社会经济的影响极其深刻，如图 1-7 所示。计算表明：资本投入增长 1%，将使 GDP 增长 0.725%；劳动投入增长 1%，将使 GDP 增长 0.253%；信息化投入增长 1%，将使 GDP 增长 1.139%。三种要素中，信息化投入对经济增长的贡献率最大，是资本投入贡献率的 1.6 倍，是劳动投入贡献率的 4.5 倍。

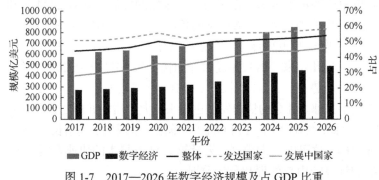

图 1-7　2017—2026 年数字经济规模及占 GDP 比重

资料来源：清华大学全球产业研究院等（2023）

当前，信息产业已成为全球发展速度最快、从业人员最多、规模扩展最为迅速、创造财富最多的产业，成为全球经济新的增长点。21 世纪初，西方发达国家的信息产业增加值已占国内生产总值的一半或一半以上。美国拥有世界上最强大的信息产业，自 2000 年以来，其信息产业规模每年以 30% 左右的速度扩大，远远超过了汽车、建筑等传统产业，成为美国规模最大的支柱产业。20 多年来，中国信息产业年产值平均增长率均在 25% 以上，2013 年，中国仅电子信息产业销售收入就达 12.4 万亿元，占 GDP 的 1/5 以上，成为国民经济的重要支柱。信息产

业具有带动性强、影响力大、渗透性广的特点，对整个产业链都有着直接或间接的影响。信息化既是现代农业的关键所在，也是工业化升级的根本。

未来随着新型基础设施建设的加快，以及云计算、大数据、AI 等技术创新和融合应用的进一步发展，实体经济数字化转型将迎来新的发展时期，数字经济发展规模将进一步扩大。根据中国信息通信研究院预测，到 2025 年中国数字经济规模将达到 60 万亿元左右，数字经济将成为经济高质量发展的新动能。

全球范围内的数据中心规模近年来一直以惊人的速度扩张，迅速变成数字经济快速发展的基础底座。以亚洲地区为例，中国、印度和日本等国家在数据中心建设方面取得了巨大的突破，成为全球领先的数据中心建设与运营者。同时，欧洲地区也在数据中心业务领域持续发展，英国、德国和荷兰等国家的数据中心规模持续扩大，为欧洲的数字经济发展提供了强有力的支撑。

## 1.2　信息的核心要素：算力

### 1.2.1　全球的算力

数据、算力和算法是促进数字经济发展的核心三要素，其中，算力已经成为衡量经济和社会发展水平的重要指标之一，是数字经济发展的关键基础设施。《2022—2023 全球计算力指数评估报告》显示，计算力与经济增长紧密相关。15 个样本国家的计算力指数平均每提高 1 个百分点，国家的数字经济和 GDP 将分别增长 3.6‰和 1.7‰（清华大学全球产业研究院等，2023）。着眼全球计算力指数，2021 年，美国以 77 分位列国家计算力指数排名第一，中国获得 70 分位列第二，中国在智能算力方面的全球优势较为突出（清华大学全球产业研究院等，2022）。虽然数据中心近年来一直被视为耗电大户，但不可忽视的是：占我国全社会用电量约 2%的数据中心，支撑了占全国 GDP 约 36.2%的数字经济规模，对提升全社会生产效率和全要素生产率作用巨大[①]。根据国家发展改革委统计，每消耗 1 tce，能够为数据中心直接贡献产值 1.1 万元，并可贡献 88.8 万元的数字产业化增加值，同时还可带动各行业数字化转型，间接产生 360.5 万元的产业数字化市场（华东和高洪达，2022）。

2022 年全球 51 个国家的数字经济增加值规模达到 41.4 万亿美元，占 GDP 的比重为 46.1%，数字经济显示出强劲的增长势头。全球数字经济增加值规模在 2022 年相较于上一年增长了 2.9 万亿美元，51 个主要经济体数字经济增加值规模

---

① 《"碳达峰、碳中和"目标下应三管齐下 有效发挥数据中心集群化阶乘化降耗效应》，https://www.ndrc.gov.cn/wsdwhfz/202106/t20210602_1282418.html，2025-06-09。

同比名义增长 7.4%，高于同期 GDP 名义增速 4.2 个百分点。2023 年，美国、中国、德国、日本、韩国等 5 个国家数字经济总量超过 33 万亿美元，同比增长超 8%；数字经济占 GDP 的比重为 60%，较 2019 年提升约 8 个百分点。产业数字化占数字经济的比重为 86.8%，较 2019 年提升 1.3 个百分点。2019—2023 年，美国、中国数字经济实现快速增长，德国、日本、韩国数字经济持续稳定发展，预计 2024—2025 年全球数字产业收入增速回升（中国信息通信研究院，2022a）。

　　2022 年全球主要国家计算力指数排名中，如图 1-8 所示，美国和中国分列前两位，同处于领跑者位置；追赶者包括日本、德国、新加坡、英国、法国、印度、加拿大、韩国、爱尔兰和澳大利亚；起步者包括意大利、巴西和南非。领跑者在计算能力和基础设施支持两大方面比其他梯队国家有显著优势，其中由于超大规模互联网企业算力投入的大幅增长，美国计算力指数从 2021 年的 77 分增长到 2022 年 82 分；中国 2022 年算力投入增长有所放缓，计算力指数从 70 分增长到 71 分。

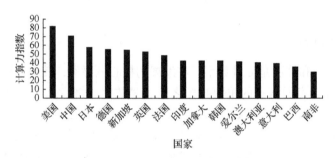

图 1-8　全球主要国家计算力指数

## 1.2.2　中国的算力

　　于当今数字浪潮奔涌之际，建设数字中国宛如在时代长河中扬起的一面鲜明旗帜，是驱动中国式现代化巨轮破浪前行的澎湃引擎，也是我国在全球竞技场上锻造独特优势的坚固基石。它快速渗透进人类生产、分配、流通、消费以及社会服务管理等各个环节，深刻改变着经济社会的运行模式。2022 年，中国数字经济规模达到 50.2 万亿元，总量稳居世界第二，同比增长 10.3%，占 GDP 的比重提升至 41.5%。同时，在数字经济的大时代背景下，经典物理模型的因果分析正在走向以大模型为代表的相关分析，全球对数据的生产和需求呈现指数级增长趋势。据预测，2025 年全球数据量将达到 181 ZB，是 2016 年的 10 倍。其中，2022 年中国数据产量达 8.1 ZB，同比增长 22.7%，全球占比达 10.5%，位居世界第二（国家互联网信息办公室，2023）。

　　中国算力规模持续高位增长。从计算设备供给侧看，中国算力规模持续增长，如图 1-9 所示，在 2018—2022 年五年间，中国计算设备算力规模从 60 EFLOPS 增长至 302 EFLOPS，占到全球计算设备总算力规模的近 33%，连续四年增速超过 50%，超过全球的平均增速 47%。

另外，中国智能算力占比进一步提升。如图 1-9 所示，2022 年中国智能算力规模达 178.5 EFLOPS，同比增长 72%，在中国计算设备算力规模中占比达 59%，已经成为算力供应的主力，相关 AI 服务器出货量达到 28 万台。基础算力规模约 120 EFLOPS，较 2021 年增长 26%，占到中国计算设备算力总规模的 40%，较 2021 年下降 7 个百分点，相关通用服务器出货量 384.6 万台，同比增长 3%，同时超算算力继续保持稳定快速的增长趋势（中国信息通信研究院，2023）。

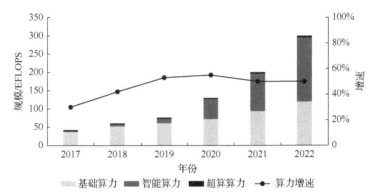

图 1-9　2017—2022 年中国计算设备算力规模及增速
资料来源：中国信息通信研究院（2023）；国家数据局（2024）

《2022—2023 全球计算力指数评估报告》显示，2022 年，中国整体服务器市场规模保持 6.9% 的正增长，占全球市场比重达 25%，2017 年至 2022 年的复合增长率达 48.8%。计算力水平位居全球第二，处于领跑者行列。近年来，中国算力产业蓬勃发展，融合应用深度不断加深。算力作为数字经济时代的关键生产力，有效赋能千行百业数字化转型，推动新兴产业发展。算力作为数字经济时代新的生产力，对推动科技进步、赋能行业数字化转型、促进经济社会发展发挥着极其重要的作用。近年来，中国算力产业不断发展、创新能力日益提升，如图 1-10 所示，2018 年中国在用数据中心机架规模为 226 万架，大型以上规模为 167 万架，截至 2023 年底，中国在用数据中心机架规模达到 810 万架，算力总规模达到 230 EFLOPS。

### 1.2.3　美国的算力

《2022—2023 全球计算力指数评估报告》明确指出，由于 GDP 要素极为重要，因此其对全球算力的评估范围仅能涵盖 15 个国家，即 2022 年全球 GDP 排序前

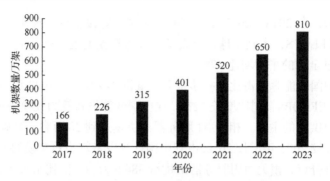

图 1-10　2017—2023 年中国在用数据中心机架规模
资料来源：国家数据局（2024）

15 名。即便如此，这 15 国也被划分为领跑者、追赶者与起步者三个层级，最高
得分者为美国，其计算力指数得分是排名末位者南非的 2.7 倍，是中间者印度、
加拿大与韩国的 2 倍左右。

　　图 1-11 展示了 2020 年和 2021 年不同国家在算力规模和 GDP 方面的排名情况。
从图中可以看出，2020 年美国的算力规模和 GDP 排名第一，2021 年美国的算力规
模排名第二但 GDP 仍排名第一，显示出其在全球数字经济中的领先地位，中国紧
随其后同时遥遥领先于日本、德国等发达国家。据图 1-11，算力规模较大的国家往
往 GDP 较高，其中既包括直接影响，如 ChatGPT 走红以后，以英伟达、微软等为
代表的美国 AI 算力芯片或云算力服务类企业股价大涨，政府、金融机构、算力企
业等各方势力对美国的算力优势因此更加乐观（戚凯，2023）；也包括间接影响，
更强大的算力支持了技术创新，特别是在 AI、机器学习、大数据分析等领域，这
些技术可以带来新的产品和服务，推动新的商业模式出现，从而刺激经济发展，例
如，AI 技术可以用来开发新药、优化广告投放效果、提升金融风险管理水平等。

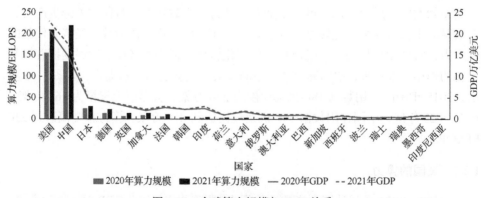

图 1-11　全球算力规模与 GDP 关系
资料来源：戚凯（2023）

受到 AI 时代的刺激，全球算力规模和 GDP 都在快速攀升，但是由于算力发展对于科技水平的要求，大部分发展中国家无法适应激烈的竞争，已然成为大国和富国的主要战场。图 1-12 展示了中国和美国在计算力指数、计算能力、通用计算力、AI 计算能力、科学计算能力、终端计算能力和边缘计算能力方面的对比情况。从图 1-12 中可以看出，美国在这些领域的得分普遍高于中国，但差距不大。其中，美国在通用计算力上的得分最高，为 91 分；而中国在通用计算力和计算力指数上的得分最低，分别为 70 分和 71 分。整体来看，两国在计算领域的发展水平相当接近。

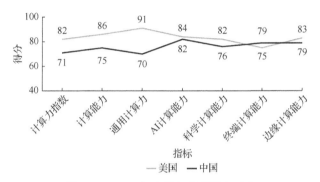

图 1-12　2022 年中国和美国算力对比
资料来源：中国信息通信研究院（2022b）

计算能力这个指标反映了国家的总计算能力，包括所有类型的计算资源。美国在这个指标上领先，但与中国差距不大，两国在整体计算能力上竞争激烈。通用计算力领先不仅是技术实力的体现，更是产业竞争力、科学研究能力、国家战略优势以及国际影响力的重要保障。AI 计算能力领先可以大幅提升科研和实际应用能力，能够处理更大规模的数据集、进行复杂的模拟和预测，对科学研究（如药物研发、气候建模）和工程应用（如智能制造、自动驾驶）都有重要作用，中国经过几年追赶不断向美国靠近，两国的 AI 计算能力已经相差无几了。科学计算能力是指执行科学研究和高性能计算任务的能力。美国在这个指标上得分较高，显示了其对科学研究和技术创新方面的投资极为重视。终端计算能力指的是终端设备（如个人电脑、智能手机等）的计算能力。中国在这个指标上领先，这可能与庞大的电子产品制造业和消费市场有关。边缘计算是指在数据产生的地方（如物联网设备）进行数据处理，以缩短延迟和减轻网络负载。美国在边缘计算能力指标上领先，意味着美国在物联网和边缘计算技术的部署上更为积极。整体而言美国在大多数方面都占据领先地位，但是中国始终处于快速进步的状态，不断逼近美国的科技水平。

# 参 考 文 献

共研产业研究院. 2023. 2023—2029 年中国能源市场全景调查与市场需求[EB/OL]. https://www.gonyn.com/report/1392126.html[2024-12-09].

国际能源署. 2023. 2023 年电力市场报告[EB/OL]. https://iea.blob.core.windows.net/assets/255e9cba-da84-4681-8c1f-458ca1a3d9ca/ElectricityMarketReport2023.pdf[2024-11-08].

国家互联网信息办公室. 2023. 数字中国发展报告(2022 年)[EB/OL]. https://www.cac.gov.cn/2023-05/22/c_1686402318492248.htm[2024-11-08].

国家能源局. 2022. 2021 年全社会用电量同比增长 10.3%[EB/OL]. http://www.nea.gov.cn/2022-01/17/c_1310427282.htm[2024-11-08].

国家能源局. 2023. 2022 年全社会用电量同比增长 3.6%[EB/OL]. https://www.nea.gov.cn/2023-01/18/c_1310691508.htm[2024-11-08].

国家数据局. 2024. 数字中国发展报告(2023 年)[EB/OL]. https://www.digitalchina.gov.cn/2024/xwzx/szkx/202406/P020240630600725771219.pdf[2024-11-08].

华东, 高洪达. 2022. 推进电网与数据中心融合发展筑牢能源数字经济发展基础[J]. 中国电力企业管理, (7): 76-77.

戚凯. 2023. ChatGPT 与数字时代的国际竞争[J]. 国际论坛, 25(4): 3-23, 155.

清华大学互联网产业研究院. 2022. 数据经纪人助力数据流通交易[EB/OL]. https://www.iii.tsinghua.edu.cn/info/1121/3157.htm[2024-11-08].

清华大学全球产业研究院, IDC, 浪潮信息. 2022. 2021—2022 全球计算力指数评估报告[EB/OL]. https://www.inspur.com/lcjtww/resource/cms/article/2734773/2734784/2022122613493315670.pdf[2024-11-08].

清华大学全球产业研究院, IDC, 浪潮信息. 2023. 2022—2023 全球计算力指数评估报告[EB/OL]. https://www.ieisystem.com/global/file/2023-09-14/16946384123912c916ead8a3cb8ee62018a90521267362c.pdf[2024-11-08].

中国信息通信研究院. 2022a. 中国算力发展指数白皮书(2022 年)[EB/OL]. http://www.caict.ac.cn/kxyj/qwfb/bps/202211/P020221105727522653499.pdf[2024-11-08].

中国信息通信研究院. 2022b. 全球数字经济白皮书(2022)[EB/OL]. http://www.caict.ac.cn/kxyj/qwfb/bps/202212/P020221207397428021671.pdf[2024-11-08].

中国信息通信研究院. 2023. 中国算力发展指数白皮书(2023 年)[EB/OL]. http://www.caict.ac.cn/english/research/whitepapers/202311/P020231103309012315580.pdf [2024-11-08].

中华人民共和国国务院新闻办公室. 2020-12-22. 新时代的中国能源发展[N]. 人民日报, (10).

BP global. 2020. BP energy outlook 2020[EB/OL]. https://www.bp.com/content/dam/bp/business-sites/en/global/corporate/pdfs/energy-economics/energy-outlook/bp-energy-outlook-2020.pdf[2024-07-01].

IDC. 2024. IDC: 全球 2024 年预计生成 159.2 ZB 数据, 2028 年增加一倍以上[EB/OL]. https://page.om.qq.com/page/ONYJCdqpKT886bviyeHz1E-Q0[2024-11-08].

Our World in Data. 2023a. Primary energy consumption by source[EB/OL]. https://ourworldindata.org/grapher/primary-energy-source-bar[2024-11-08].

Our World in Data. 2023b. Primary energy consumption[EB/OL]. https://ourworldindata.org/explorers/energy?tab=chart&Total+or+Breakdown=Total&Energy+or+Electricity=Primary+energy&Metric=

Annual+consumption&country=USA~GBR~CHN~OWID_WRL~IND~BRA~ZAF[2024-11-08].

Statista. 2020. Volume of data/information created, captured, copied, and consumed worldwide from 2010 to 2023, with forecasts from 2024 to 2028[EB/OL]. https://www.statista.com/statistics/ 871513/worldwide-data-created/[2024-11-08].

# 第2章 全球算力的电耗与算效演变

## 导　读

（1）AI技术的快速发展推动了数据中心产业的迅猛扩展，导致电力消耗和碳排放显著增加，为应对日益严峻的能源和环境压力，提升算效（computational efficiency）及计算能效成为当务之急。

（2）随着中央处理器（central processing unit, CPU）和图形处理单元（graphics processing unit, GPU）计算能力的持续提升，数据中心服务器的功耗和散热密度不断增大，传统冷却技术将向液冷技术演变。

（3）服务器的计算能效与其负载率密切相关，基于负载调度的能耗调控策略有望成为应对服务器高功耗和高散热需求趋势的重要方向。

## 2.1　全球算力基础设施能耗概述

"数据"已成为数字经济时代的核心生产要素。随着数字经济的蓬勃发展，海量数据将在数据中心中被生成、存储、交易、计算和分析。作为算力运行的关键基础设施，全球数据中心规模迅速扩大，各类数据中心的数量迅速增加。由工业和信息化部等六部门印发的《算力基础设施高质量发展行动计划》指出，算力是集信息计算力、网络运载力、数据存储力于一体的新型生产力（即狭义上的算力、运力与存力的统一），主要通过（以数据中心为典型的）算力基础设施向社会提供服务，其高质量发展对助推产业转型升级、赋能科技创新进步、满足人民美好生活需要和实现社会高效能治理具有重大意义。

随着AI技术的快速发展，以生成式AI为代表的AI应用对算力基础设施算力、电力等供给能力提出了更高的需求。在 AI 应用尚未广泛普及的时期（2010—2022 年），全球互联网用户数量和互联网流量的增长并没有导致数据中心能耗同比增长。2022 年AI需求爆发后，OpenAI 发布 ChatGPT，标志着 AI 时代来临，自此之后数据中心的需求和能耗开始显著增加。AI 的快速发展尤其是在传媒、电商、影视等行业的应用推动了处理能力和存储等需求的大幅增长。2024年国际能源署（International Energy Agency, IEA）预计，由于 AI、加密货币和数据中心的需求增加，相关电力消耗将显著增长，可能将从 2022 年的 460 TW·h

上升至 2026 年的 620—1050 TW·h，复合年增长率为 9.6%—22.9%。这一预测表明，AI 的广泛应用将是推动未来数据中心能耗增长的主要因素之一。

尽管同期数据中心 GPU、CPU 等计算单元的能效提高了不少，但随着数据中心机架数量的激增，数据中心的整体运行能耗、运行成本及碳排放不断攀升。一方面，全球数据中心的快速部署和互联网流量的快速增长，导致数据中心电力消耗正在显著增加，据预测到 2030 年，数据中心耗电量将占到全球耗电量的 3%—13%（Andrae and Edler，2015）。2020 年中国数据中心总耗电量占社会总用电量的 2.7%，预计到 2025 年底，中国数据中心 $CO_2$ 排放量约占排放总量的 0.93%。

### 2.1.1　全球算力基础设施的能耗现状

如前述，近年来以 ChatGPT 为代表的 AI 等新兴科技的快速发展，导致数据中心面临"巨大的电力消耗危机"、"严苛的高密散热需求"以及"沉重的碳排放压力"（Wang et al.，2024）。全球数据处理量的激增需要更强大的计算能力，从而扩大数据中心的能源需求并导致高排放。同时，承载算力的基础设施——数据中心的能耗也在不断上升。如图 2-1 所示，2010 年全球数据中心能耗为 197.5 TW·h（中位数），预计到 2030 年全球数据中心能耗的中位数将达到 848 TW·h，最大值则可达到 1929 TW·h（Mytton and Ashtine，2022）。随着 AI 等信息技术的快速普及，未来数据中心的能耗很可能会进一步快速上升，因此，如何提高数据中心的能效已成为 AI 和能源领域的重要议题。如图 2-2 所示，数据

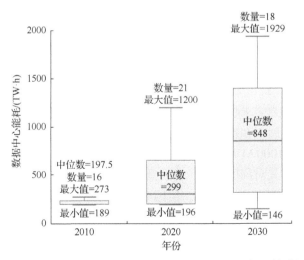

图 2-1　2010 年、2020 年和 2030 年全球数据中心能耗（估计）值

资料来源：Mytton 和 Ashtine（2022）

中心产业已成为一个重要的能耗行业。2022 年，爱尔兰的数据中心耗电量占其全社会总用电量的比重高达 18.0%，荷兰、卢森堡、丹麦等国家的耗电量占比已超过 4.0%，北欧 27 国的平均耗电量占比也已达到 2.2%。同期，美国数据中心的耗电量约占其全社会总用电量的 4.0%（IEA，2023）。

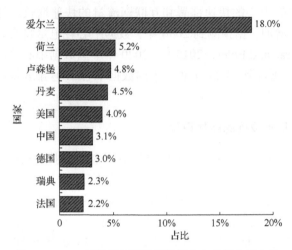

图 2-2　2022 年世界主要国家数据中心的耗电量占比

资料来源：IEA（2023）

　　在美国，为数据中心及相关制造业提供清洁电力正在推动着电力负荷的再次增长，同时也对电力公司的供电能力提出了新的挑战。在对数据中心的负荷增长进行预测时，AI 技术的快速发展与应用带来了巨大的不确定性，尤其是当以 OpenAI 发布的 ChatGPT 为代表的生成式 AI 于 2022 年 11 月迅速进入公众视野之后。数据中心的整体能耗增长显著，考虑到数据中心行业往往在地理位置上集中，这种能耗增长对地方供电的挑战尤为严重。在美国，全国数据中心负荷的 80% 集中于 15 个州，在全球范围内，这种电力需求集中的现象同样明显，预计到 2026 年，数据中心的电力需求将占爱尔兰总电力需求的近三分之一。如上所述，云计算与 AI 技术的发展正在推动数据中心规模显著扩大，美国新建数据中心的建设容量往往为 100—1000 MW，相当于 8 万至 80 万户美国家庭的负荷，而数据中心的供能特点决定了其对高度可靠、清洁低碳的电力的需求，这将给地区的电力供应带来巨大挑战。基于以上研究，美国电力研究协会（Electric Power Research Institute，EPRI）对数据中心建设提出了三点建议，包括：提高数据中心效率与供电灵活性；数据中心与电网密切协作；开发利用更好的数据中心建模工具，为制定电网长期规划策略提供协助。

## 2.1.2 算力支撑能源行业的快速发展

除了上述 AI 导致的数据中心能耗增加外，AI 技术实际上也在能源领域起到了重要作用，涵盖了可再生能源发电、电网运行和优化、需求管理和分布式资源优化使用等多个方面。在可再生能源发电方面，AI 可以通过分析天气模式、地形和电网约束等数据，帮助确定太阳能和风能项目的位置及规模，并通过预测天气和利用卫星数据来最大化能源生产规模，以及通过预测维护需求和安排维护计划降低故障风险。AI 还可以通过优化设备交付时间表等方式帮助推进可再生能源项目的建设。在电网运行和优化方面，AI 可以帮助网络运营商实时了解电网状况，做出更明智的决策，并预测潜在的电网中断。AI 系统可以从各种来源获取大量数据，以帮助规划（如在哪些地点放置电网设备），识别需要加固以应对极端天气的电网基础设施，监控电网性能以提高系统效率和稳定性，并提供传输线路动态最大承载能力的评估服务（即动态线路评级）。AI 可以通过促进基础设施的远程检查、识别延长设备寿命的操作参数、发现早期数据趋势以预测未来故障并安排设备的预防性维护来支持增强的电网维护，如美国能源部资助使用 AI 支持地下电力线的项目，以增强电力系统的韧性。在庞大而复杂的配电网中，AI 可以帮助配电网络运营商检测故障；随着越来越多的数字化分布式能源资源（从智能恒温器到电动汽车再到电池系统）被添加到电网并产生大量数据，AI 将在需求管理和分布式资源优化使用等方面更好地整合清洁能源和增强电网可靠性。对于更加分散的电网，AI 可以帮助管理电动汽车电池充电的时间和速度，优化屋顶太阳能等分布式能源整合方案，安排和优化能源存储，并通过聚合分布式资源创建可以提供电网服务和需求响应的"虚拟电厂"，提升电网的灵活性。类似地，结合客户自备电源和智能电网技术的进步，AI 可以帮助数据中心和其他建筑在电力使用方面更加灵活；利用 AI 帮助释放灵活性资源可以带来许多好处，特别是在负荷受限地区，AI 能够结合电力市场信号，帮助优先在某些时间段自愿减少负荷，而不是对负荷进行强制性削减。此外，AI 可以帮助终端用户（包括家庭、工业和数据中心等）减少能源需求，例如通过利用建筑管理系统和传感器数据来优化供暖、通风和空调设备的运行状态。AI 驱动的微电网还可以帮助电力的产消者优化购买、销售或储存能源的时序策略；许多能源领域及其他领域的脱碳还依赖于先进材料，包括太阳能电池板、风力涡轮机叶片、碳捕获催化剂和吸附剂以及制冷剂，AI 已经能够通过处理大量数据（如成千上万篇科学文献）来推断不同材料的性质，帮助发现、创新和生产可能具有潜力的新材料，这些材料可以在能源领域以及其他领域发挥关键作用，AI 能够比传统方法更快地进行分析。例如，AI 已经帮助发现和合成了新型电池材料。同时，AI 还可以反向工作，从所需的特性出发，推测可能具有这些特性的材料结构。

## 2.2　服务器功耗与算力发展

　　CPU、GPU 是算力的核心部件。随着 CPU、GPU 算力的快速提升，数据中心服务器单机功率和散热密度不断上升，液冷逐渐成为散热技术发展的趋势。随着制造工艺的提升以及新型芯片架构的应用，未来数据中心的单机柜功率还将进一步攀升。各类芯片热设计功耗如图 2-3 所示，此时，常规风冷散热技术已难以应对如此高的散热密度。值得一提的是，不同于低功耗的存储数据中心，高密功率散热的算力中心的安全运行问题进一步凸显。比如，对于半导体集成电子器件，大约 55%的故障与温度载荷造成的焊点结构失效有关，其运行温度每升高 1 ℃，

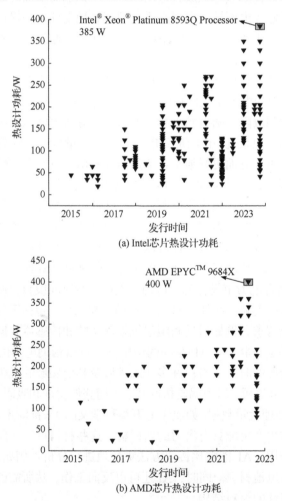

(a) Intel芯片热设计功耗

(b) AMD芯片热设计功耗

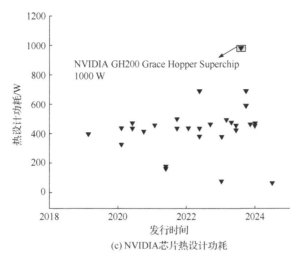

(c) NVIDIA芯片热设计功耗

图 2-3　Intel、AMD、NVIDIA 芯片热设计功耗演变

故障率就会上升 4%（Bale et al.，2013）。同理，由芯片热管理问题产生的热故障也是造成数据中心宕机的重要原因之一（Fulpagare and Bhargav，2015）。数据中心服务器高功率负载迁移或均衡的不确定性、热积累等变化易引发芯片焊点等内部结构的循环热应力变化，从而影响服务器芯片的使用寿命和运行可靠性（邵陈希，2016）。若冷却系统无法及时将热量散出并保持合适的运行温度，服务器会通过降低 CPU 频率等措施来避免散热失效（徐坚强，2023）。值得一提的是，随着数据中心单机柜功耗的提升，在有限的机柜及服务器体积、热惯性与进风温度下，机柜服务器的冷却失效时间将明显缩短。

## 2.3　电效的演变

电能利用效率（power usage effectiveness，PUE），简称电效，是衡量数据中心能效水平的关键指标，其值越接近于 1，代表数据中心辅助设备的能耗越小，能效水平越高。全球及中国数据中心平均 PUE 情况如图 2-4 所示。另外，数据中心规模越小，其 PUE 值通常越高，而中国小型数据中心数量占数据中心总数比例很高，这些小型数据中心的 PUE 往往普遍在 3 甚至更高的水平。从 PUE 的定义可知，当 PUE 大于 2 时，制冷系统、配电等辅助设备的节能潜力将大于服务器本体的节能潜力。近年来，随着数据中心服务器的算效（单位功耗算力）的不断提高，数据中心制冷系统的能效优化已成为数据中心节能的焦点。

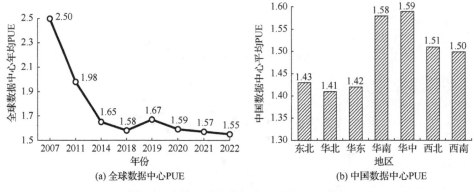

(a) 全球数据中心 PUE  (b) 中国数据中心 PUE

图 2-4 全球及中国数据中心平均 PUE 情况

资料来源：《2021 年中国数据中心市场报告》

## 2.4 算效的演变

### 2.4.1 服务器算效概述

AI、物联网、增强现实（augmented reality，AR）、虚拟现实（virtual reality，VR）等新兴互联网技术的快速发展，对算力水平提出了更高的要求，如何在更短的时间内完成更多的计算，以推动各产业和新兴技术融合，已成为未来许多产业的关注焦点。数据中心作为存储、计算、网络等方面的载体，是支持各类新技术的重要基础设施，因此提升数据中心的算力是满足各产业和新技术结合的重要前提。

作为能耗大户，如何在提高数据中心算力的同时还能兼顾能耗的损失，是数据中心算效模型诞生的背景，即数据中心 IT 设备每瓦功耗所产生的算力（单位：FLOPS/W 或 OPS/W）。近年来，全球多国采取了一系列重要措施，以提升算效并推动环保技术的发展。其中，欧盟和日本在这一领域的动作尤为引人注目，通过《2023—2024 年数字欧洲工作计划》的实施以及《半导体和数字产业战略》的修订，这两大经济体齐头并进，致力于改革现有的数字基础设施，促进可持续发展。在西班牙巴塞罗那建成的新一代超级计算机 "MareNostrum 5" 不仅配备了最先进的加速器芯片，而且完全采用可持续能源驱动。此外，该超级计算机在运行过程中产生的热量将被用于供暖，这一创新的能源再利用方式预计将极大提高能效，同时减小对环境的影响。此举标志着欧洲在高性能计算领域的一大步前进，也展现了其在环保技术应用方面的雄心。在 "MareNostrum 5" 的诸多特点中，其结合了强大的通用分区和加速分区的设计尤为引人注目。这种配置不仅允许传统计算的进行，还极大地增强了解决 AI 和复杂科学问题的能力。根据欧盟方面的说法，这台超级计算机的峰值性能可达 0.314 exaFLOPS，预计将推动包括气候变化研究、疾病控制等多领域的科学进步。与此同时，日本制定了相关战略，明确提出要增强半导体的性能，以降低数字设备和电子元件的整体能耗。除了欧盟与日本外，美国也在通过推动对高性能计算和 AI 的研究，积极提升算效。例如，美国国家科学院发布报告指出，投资先进计算技术和 AI 对于维护美国的全球科技领导地位至关重要。此外，中国也在积极推动科技创新，特别是在量子计算和 AI 领域持续投入巨资，以提升国家的算力水平并促进科技发展。

### 2.4.2　服务器算效演变

在先进制程工艺发展方面，ARM、NVIDIA 和阿里巴巴都取得了显著成果。首先，ARM 发布的新一代移动处理器超大核 Cortex-X4，基于最新的 ARM9.2 架构和 N3E 工艺，在保持高性能的同时，还能有效降低设备的能耗，提高续航能力。其次，NVIDIA 推出的 Blackwell GPU 采用 4nm 工艺，结合第二代 Transformer 引擎、第五代 NVLink、RAS 引擎和解压缩引擎等技术，可支持多达 10 万亿参数的模型进行 AI 训练和实时大语言模型（large language model，LLM）推理。与上一代 GPU 芯片相比，性能提升了 30 倍，能耗降低了 25 倍。这表明 Blackwell GPU 在处理大规模 AI 任务时具有极高的性能和能效表现。最后，阿里巴巴自研的倚天 710 处理器与飞天操作系统及云智能处理单元融合，在数据库、大数据、视频编解码、Web 服务器等核心场景中的性能提升了 30%以上，单位算力功耗降低了 60%以上。这说明倚天 710 处理器在多核协同和系统优化方面取得了显著成果，能够在保证性能的同时大幅降低能耗。总之，这些先进的制程工艺和架构优化为处理器和 GPU 带来了更高的性能和更低的功耗，有助于推动计算设备的发展，满足日益增长的计算需求。

同时为更好地对数据中心算效水平进行衡量，很多组织或机构尝试对数据中心算效及测量方式进行研究。例如，标准性能评估组织（Standard Performance Evaluation Corporation，SPEC）早在 2006 年成立了 SPECpower 工作组，并在 2007 年，在美国国家环境保护局和美国能效经济委员会的赞助以及 AMD、Dell、Intel 等厂商的参与下，推出了算效基准测试套件——SPECpower_ssj，致力于构建一个负荷 IT 实际工作环境的算力性能/功耗评价基准，基于 SPECpower_ssj 能够对全球近几年服务器算效发展情况进行评价。SPECpower 利用标准 Java 的 JDK（Java Development Kit，Java 开发工具包）计算整体服务器性能，并根据其 11 个不同的工作负载区域段的功耗得出服务器的工作负载/功耗比的测试方式。它应用 SPECjbb 作为工作负载，先实时满负荷运行 3 次，求得平均值得到系统的最高性能值，然后系统以此为参照，按 100%、90%、80%······10%、0（idle）运行工作负载，其系统的利用率也依次下降，性能运行结果会以 ssj_ops 方式记录，同时连接系统电源的功率仪（YOKOGAWA WT210）会实时记录系统的功率状况，最后系统会将性能和功耗进行累加并相除得到性能功耗比：$\sum ssj\_ops / \sum power = \text{Performance-to-Power Ratio}$，其中，ssj_ops 表示测量时间间隔内完成的操作次数除以为该时间间隔定义的秒数，显示该时间段内的吞吐量（每秒工作负载操作次数）；power 表示该测量时间间隔内的服务器总功耗；Performance-to-Power Ratio 表示性能功耗比。

对于服务器而言，其运行和控制的核心是 CPU，其负责对服务器的所有硬件资源进行控制调配并执行通用运算。服务器系统中所有软件层的操作，最终都将通过指令集映射为 CPU 的操作。CPU 包括运算器、控制器、寄存器等模块。其中运算器和控制器是 CPU 的核心模块，前者负责进行各种算术和逻辑运算操作，后者为"决策机构"，主要任务就是发布命令，发挥着整个服务器系统操作的协调与指挥作用，CPU 具有多个性能衡量指标，包括：①主频，即 CPU 的工作频率，主频越高，CPU 的运算速度也就越快。②核心数，指硬件包含的核心单元数量，核心数越多，CPU 并行处理数据与任务的能力越强。③线程数，线程是操作系统能够进行运算调度的最小单位，支持越多线程代表可以同时处理越多任务。多一个核心就像多一个人，而多一个线程就像多一只手。④缓存，缓存是 CPU 与内存之间的缓冲地，在一定程度上，缓存容量越大越好。上述性能衡量指标共同决定了 CPU 的算力水平。

### 2.4.3　服务器算效提升

1. 芯片制程

Intel 和 AMD 作为全球信息化类 CPU 中的两大巨头，在 2021 年第 4 季度，Intel 占据全球 X86 架构 CPU 总体市场的 74%，AMD 占比为 26%。自 1971 年 Intel 推出了世界上第一款微处理器 4004 之后，全球 CPU 芯片的制程工艺水平越来越高，在一定程度上，芯片工艺制程越小，单位面积内容纳的晶体管数量就越多，就可以构建更为复杂、性能更强大的电路。同时，芯片工艺制程越小，电子元器件的功耗就越小。因此，随着芯片制程工艺水平的提高，芯片集成度不断提高，功耗降低，器件性能得到提高。根据台湾积体电路制造股份有限公司官网数据，公司 7 nm FinFET 制程相较 10 nm 速度增快约 20%，功耗降低约 40%。如图 2-5 所示，2017 年以前，Intel 芯片工艺明显优于 AMD 芯片工艺。自 2008 年起，Intel 内核服务器算效始终优于 AMD，直至 2017 年后 AMD 公司实现反超，其 CPU 芯片制程接近 Intel 芯片制程的一半，同时 AMD 于 2017 年首次推出了 Zen1 架构，与以往 CPU 芯片相比，性能提高了 40%。

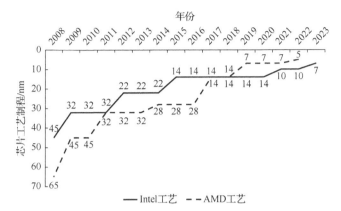

图 2-5　2008—2023 年 Intel 和 AMD 芯片工艺对比

资料来源：华经产业研究院、东吴证券研究所

2022 年和 2023 年的数值是模拟值

2. 量子计算

CPU 行业技术壁垒较高，处理器迭代速度快，Intel 和 AMD 作为行业巨头平均每 1—2 年迭代一次，除芯片工艺本身外，两大企业在指令集、每时钟周期可执行指令数（instructions per clock，IPC）和缓存容量等方面也屡屡实现创新突破。目前芯片工艺的发展逐渐减缓，其原因主要在于芯片内部晶体管存在极限尺寸。由于海森堡不确定性原理，晶体管的尺寸不可能无限制缩小，目前存在的晶体管的尺寸已经接近物理极限，进一步减小器件尺寸，一方面会增大加工难度、增加成本，另一方面显著的量子隧穿效应会导致计算精度降低。为突破这种尺寸限制，许多企业纷纷瞄准了下一代芯片——量子芯片。量子芯片与常规芯片的最大不同点在于其不会使用 1 和 0 的二进制逻辑表示信息，而是使用量子比特，对应于 1 或 0 的概率。目前的量子计算研究主要集中在提高计算速度上，其相较传统计算方式能够降低多少能耗仍是未知数，主要原因是专家尚未就确定量子计算能耗的指标达成一致。例如，新加坡国立大学的 Auffèves 认为，如果量子计算机工作正常，它涉及的物理操作比经典计算机少，因此将消耗更少的能源。Auffèves 正在努力构建一个更严格的框架来评估量子计算的能耗。一些研究人员认为，更长的计算时间对应着相应的更多的能耗，然而，Auffèves 和她的同事发现，量子计算机的能耗和计算时间之间的关系比传统计算机更复杂（Chen，2023）。

3. 负载率

中国服务器算效与世界服务器算效发展趋势相近,原因是主要 CPU 类型基本相同,均为 Intel 或 AMD 生产 CPU。由于空闲功耗的存在,即当服务器无算力负载时,仍会消耗一定的电能运行,当服务器负载率不断上升时,其单位算力能耗存在明显的下降趋势。对于部分服务器而言,其最低单位算力能耗点处于 100%负载率处。对于这类服务器而言,不考虑长时间高负载率工作导致损耗问题的前提下,提升其工作负载有利于以较低的能耗完成较多的算力任务,而对于其他大部分服务器而言,0—100%的负载率,使得服务器单位算力能耗最低,原因可能是高负载率工作直接导致服务器的性能下降或高负载率下服务器内核温度上升间接导致服务器性能下降。

数据中心能耗模型是数据中心实现热环境管理和能耗管理的重要基础理论,对于 IT 设备能耗的准确预测也是数据中心能耗模型建立的重要基础,有许多学者对此进行了研究,如金超强(2021)利用 SPECpower_ssj 2008 性能测试软件对 Dell PowerEdge R740 型号服务器不同负载、不同运行模式下的能耗变化情况进行了刻画。虽然该研究并未将服务器 CPU 利用率与服务器所能提供的算力相联系,但同样得到了服务器能耗随 CPU 利用率的提高而降低的结论,同时认为 60%的 CPU 利用率为服务器能耗增长率的转折点,当 CPU 利用率小于 60%时,服务器单位算力能耗随 CPU 利用率的降低迅速增加。

4. 综合性能

在信息技术领域,对于 GPU 性能的评估通常采用一系列标准指标,如算力 TOPS(teraOPS,每秒万亿次运算次数)、TFLOPS(teraFLOPS,每秒万亿次浮点运算次数)、算效 TOPS/W(每瓦功耗下每秒万亿次运算次数),以及 TFLOPS/W(每瓦功耗下每秒万亿次浮点运算次数)。如表 2-1 所示,在国际市场上,多家知名企业如 NVIDIA、AMD、Intel 等纷纷推出多款高性能 GPU 产品。以 NVIDIA 的 H200 GPU 为例,尽管其热设计功耗高达 600 W,但在 INT8 环境下,其每秒运算次数达到 3985 万亿次,且算效为 6.64 TOPS/W;在 FP16 环境下,其每秒浮点运算次数达到 1979 万亿次,算效为 3.30 TFLOPS/W,展现出了卓越的计算能力。与此同时,国内企业在 GPU 性能研发方面也取得了显著进展。百度昆仑、华为海思和摩尔线程等公司均在该领域进行了大量研发投入。以华为海思的 Ascend 910 为例,在 INT8 环境下,Ascend 910 的每秒运算次数可达到 640 万亿次,算效高达 1.83 TOPS/W;在 FP16 环境下,其每秒浮点运算次数也能达到 320 万亿次,算效为 0.91 TFLOPS/W,均体现了国内企业在 GPU 研发领域的深厚实力。

**表 2-1 主流芯片性能参数统计**

| 公司名称 | 产品型号 | 运算能力(INT8)/TOPS | 运算能力(FP16)/TFLOPS | 运算能力(FP64)/TFLOPS | 热设计功耗/W | 算效(INT8)/(TOPS/W) | 算效(FP16)/(TFLOPS/W) | 算效(FP64)/(TFLOPS/W) | 架构 | 显存带宽/(GB/s) |
|---|---|---|---|---|---|---|---|---|---|---|
| NVIDIA | H200 | 3985 | 1979 | 67 | 600 | 6.64 | 3.30 | 0.11 | AMPERE | 4800 |
| NVIDIA | A100 | 624 | 312 | 19.5 | 300—400 | 2.08 | 1.04 | 0.065 | AMPERE | 1935 |
| NVIDIA | A2 | 36 | 18 | — | 40—60 | 2.01 | 0.45 | — | AMPERE | 200 |
| NVIDIA | A10 | 250 | 125 | — | 150 | 1.67 | 0.83 | — | AMPERE | 600 |
| NVIDIA | A16 | 143.6 | 71.8 | — | 250 | 0.57 | 0.29 | — | AMPERE | 800 |
| NVIDIA | A30 | 330 | 165 | 10.3 | 165 | 2.00 | 1.00 | 0.06 | AMPERE | 933 |
| NVIDIA | A40 | 299.3 | 149.7 | — | 300 | 0.99 | 0.49 | — | AMPERE | 696 |
| AMD | MI250X | 383 | 383 | 95.7 | 500 | 0.77 | 0.77 | 0.19 | CDNA2 | 3276.8 |
| AMD | MI250 | 362.1 | 362.1 | 90.5 | 500 | 0.72 | 0.72 | 0.18 | CDNA2 | 3276.8 |
| AMD | MI210 | 181 | 181 | 45.3 | 300 | 0.60 | 0.60 | 0.15 | CDNA2 | 1638.4 |
| AMD | MI100 | 92.3 | 184.6 | 11.5 | 300 | 0.31 | 0.62 | 0.04 | CDNA | 1228.8 |
| AMD | MI160 | 59 | 29.5 | 7.4 | 300 | 0.19 | 0.09 | 0.024 | Vega20 | 92 |
| AMD | MI125 | — | 24.6 | 0.768 | 300 | — | 0.08 | 0.0026 | Vega | 484 |
| Intel | A770 | 262 | — | — | 225 | 1.16 | — | — | Xe HPG | 560 |
| Intel | A750 | 229 | — | — | 225 | 1.02 | — | — | Xe HPG | 512 |
| Intel | A580 | 197 | — | — | 225 | 0.88 | — | — | Xe HPG | 512 |
| Intel | A570M | 128 | — | — | 75 | 1.71 | — | — | Xe HPG | 256 |
| Intel | Pro A60 | 128 | — | — | 75 | 1.71 | — | — | Xe HPG | 256 |
| Intel | A550M | 11 | — | — | 80 | 1.39 | — | — | Xe HPG | 224 |
| 百度昆仑 | 昆仑 2 | 256 | 128 | — | 120 | 2.13 | 1.07 | — | XPU-R | 512 |
| 百度昆仑 | 昆仑 1 | 256 | 64 | — | 150 | 1.71 | 0.43 | — | XPU-R | 512 |
| 华为海思 | Ascend 910 | 640 | 320 | — | 350 | 1.83 | 0.91 | — | HUAWEI DaVinci | 392 |
| 摩尔线程 | MTT S4000 | 200 | 100 | 25 | 450 | 0.44 | 0.22 | 0.056 | — | 768 |

相关性能参数解释如下。

（1）运算能力：芯片主要运算类型包括整数运算和浮点运算。整数运算主要用于处理离散数据，包括但不限于图像处理、编译器语法分析、电脑电路辅助设计、游戏 AI 等，会影响压缩和解压缩文件、系统进程调度等工作进展；浮点运算主要用于高精度计算，如科学计算和多媒体处理，包括音视频编解码、图像处理、科学计算等，需要更高的精度和精确度，适用于复杂的计算任务。我们将每秒进行单次整数运算称为 OPS，每秒进行单次浮点运算称为 FLOPS，针对运算时处理的数据类型，对整数运算和浮点运算进行进一步划分，可分为 INT8（8 位整数）、FP16（半精度浮点数）、FP64（双精度浮点数）等，芯片的运算能力即可表征为单位时间（秒）内能够进行的不同类型、不同精度的计算任务的数量，如TOPS 或 FLOPS。

（2）热设计功耗：散热解决方案的设计必须满足的在最糟糕、最坏情况下的功耗，即 CPU 的最大功耗。在未超频的情况下，热设计功耗可看作 CPU 的最大功耗值，在超频（含睿频）的情况下，CPU 的实际满载功耗大于热设计功耗。

（3）算效：通常采用 TOPS/W（整数运算次数）和 TFLOPS/W（浮点运算次数）来评价处理器的运行能力与功效，定义为度量在 1 W 的功耗下，处理器能够进行的运算次数。

（4）架构：包括指令集架构（instruction set architecture，ISA）和微架构（micro-architecture）。指令集架构是计算机系统所支持的机器指令的集合。常见的指令集架构包括 X86、ARM、RISC-V。X86 架构在电脑领域占主要地位，ARM架构在手机和平板领域占主要地位。微架构是指令集架构的一种实现或具体设计，包含如何实现指令集、如何执行指令等的设计。

（5）显存带宽：芯片通常包括运算单元和显存（用来存储显卡芯片处理过或者即将提取的渲染数据），存带宽就是运算单元和显存之间的通信速率，单位为 GB/s。

## 参 考 文 献

金超强. 2021. 基于服务器功耗模型的数据中心能耗研究[D]. 重庆: 重庆大学.

邵陈希. 2016. 电子器件传热特性研究及热疲劳分析[D]. 南京: 东南大学.

徐坚强. 2023. 数据中心列间空调送风的气流组织优化和失效研究[D]. 上海: 东华大学.

Andrae A, Edler T. 2015. On global electricity usage of communication technology: trends to 2030[J]. Challenges, 6(1): 117-157.

Bale H A, Haboub A, MacDowell A A, et al. 2013. Real-time quantitative imaging of failure events in materials under load at temperatures above 1, 600 ℃[J]. Nature Materials, 12(1): 40-46.

Chen S. 2023. Are quantum computers really energy efficient?[J]. Nature Computational Science, 3(6): 457-460.

Fulpagare Y, Bhargav A. 2015. Advances in data center thermal management[J]. Renewable and Sustainable Energy Reviews, 43: 981-996.

IEA. 2023. World Energy Outlook 2023[R]. Paris: IEA.

Mytton D, Ashtine M. 2022. Sources of data center energy estimates: a comprehensive review[J]. Joule, 6(9): 2032-2056.

Wang Y Z, Han Y B, Shen J, et al. 2024. Data center integrated energy system for sustainability: generalization, approaches, methods, techniques, and future perspectives[J]. The Innovation Energy, 1(1): 100014.

# 第3章　中国算力的能耗及算效测算

## 导　读

（1）近几年中国全国终端总耗电量增长迅速，其中，计算机、通信及电子制造业以及与互联网信息相关的服务产业（第三产业）的电力消耗增长更为快速。

（2）2016 年至 2023 年全球算力规模和数据中心耗电量正在加速增长，但同时全球数据中心单位算力能耗正在不断下降。

（3）大模型的发展或导致计算量和能耗的指数级增长，使得现有基础设施难以满足需求，并带来了显著的成本增加、碳排放上升和水资源消耗等问题。

## 3.1　中国数据中心的能耗现状

### 3.1.1　中国数据中心能耗与其他行业的对比

根据《中国统计年鉴》的历年（2012 年、2015 年、2018 年、2021 年）数据，中国终端总耗电量呈现出稳步增长的态势（图 3-1）。从 2012 年的 49 762 亿 kW·h 增长至 2021 年的 85 200 亿 kW·h，2021 年用电量约为 2012 年用电量的 1.7 倍（国家统计局，2023）。在此背景下，各个行业的年总耗电量占比几乎不变。

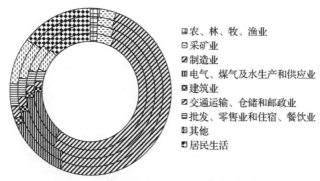

图 3-1　国内各行业年总耗电量增长情况

从内至外，依次为 2012 年、2015 年、2018 年、2021 年

从年总消费量占比的视角分析，各行业的耗电量分布相对保持稳定。然而，

随着 AI 技术的迅猛发展，尤其是生成式人工智能（artificial intelligence generated content，AIGC）等 AI 应用对算力基础设施和电力供给能力的需求不断提升，推动了以 5G 基站、数据中心为代表的计算机、通信及电子制造业以及与互联网信息相关的服务产业年总耗电量的增长。

以传统工业中的采矿业、有色金属冶炼和压延加工业、化学原料和化学制品制造业及非金属矿物制造业为例，如图 3-2 所示，在 2012 年至 2021 年间，随着国内总发电量的持续增长，传统工业与新兴工业对电力的消费均呈现增长趋势，但增长态势存在显著差异。传统工业耗电量增长主要是因为生产规模扩大和产能提升，尽管在技术进步和能效提升方面有所成就，但其耗电量依旧稳定增长且占比较大。

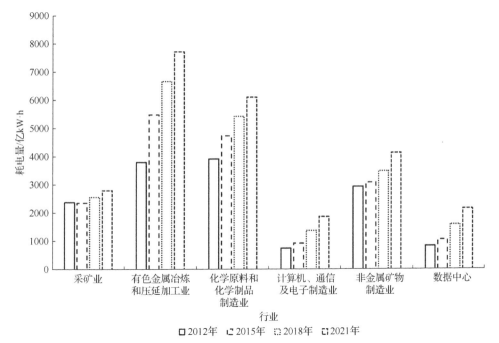

图 3-2　国内传统工业与新兴工业年总耗电量增长情况
资料来源：《中国统计年鉴》、国家能源局、中国电子节能技术协会数据中心节能技术分会

然而，与传统工业不同，计算机、通信及电子制造业以及与互联网信息相关的服务产业的总耗电量增长更为显著。这主要归因于近年来 AI 技术的快速发展和广泛应用，特别是 AIGC 等 AI 应用对算力基础设施的需求快速上升，推动了这些产业电力消费的快速增长，同时对电力系统供给能力提出了更高要求（王永真等，2025）。

虽然各产业普遍面临年总耗电量上升的趋势，但在电力消耗结构上存在显著差异。值得注意的是，以 5G 基站、数据中心为代表的计算机、通信及电子制造业的年总耗电量占比增长速度较快。如图 3-3 所示，5G 基站所在的计算机、通信及电子制造业年总耗电量占比从 2012 年的 1.54%显著增长至 2021 年的 2.21%，数据中心年总耗电量占比从 2012 年的 1.70%显著增长至 2021 年的 2.54%（国家统计局，2019；国家统计局，2012，2015；中国信息通信研究院，2022；CDCC，2021），增长显著。相比之下，以有色金属冶炼和压延加工业为代表的传统制造业的年总耗电量占比上升相对缓慢，甚至出现下降趋势。

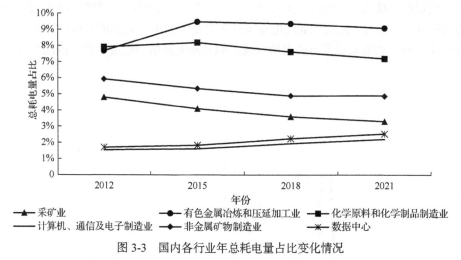

图 3-3　国内各行业年总耗电量占比变化情况

此外，如图 3-4 所示，一些传统工业产业，如有色金属冶炼和压延加工业、

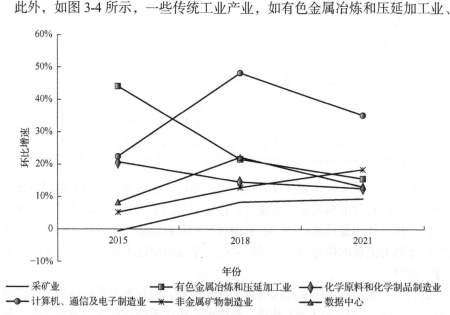

图 3-4　国内各行业年总耗电量环比增长情况

化学原料和化学制品制造业等，在年总耗电量方面呈现环比下降的趋势。以有色金属冶炼和压延加工业为例，该行业在 2015 年相较于 2012 年实现了高达 44.15% 的环比增长，但至 2021 年，其环比增速已显著放缓至 15.56%。相较之下，以 5G 基站、数据中心为代表的计算机、通信及电子制造业的年总耗电量增长迅速，在 2015—2021 年其环比增速都大于 20%，远超传统工业。

这一增长态势充分表明，在当前国内算力机架数量激增的背景下，数据中心的整体运行能耗、运行成本及碳排放呈现持续上升的趋势。从能耗结构上看，数据中心的能耗主要来自 IT 设备、制冷系统、供配电系统等方面。其中，IT 设备是数据中心能耗的主要来源，占比通常超过 50%。同时，随着技术的进步，IT 设备的能效不断提升，单位计算能力的能耗在逐渐降低。进而，如何对算力、算效进行定义与预测已成为一个重要问题。

### 3.1.2 中国数据中心算力、算效的宏观测算

如图 3-5 所示，根据 IEA 发布的《世界能源展望 2023》（*World Energy Outlook 2023*）和中国信息通信研究院发布的《中国算力发展指数白皮书》，2016 年至 2023 年全球算力规模和数据中心耗电量正在加速增长，但同时全球数据中心单位算力年均功耗在不断下降，截至 2023 年，全球数据中心单位算力年均功耗约为 4 万 kW/EFLOPS。

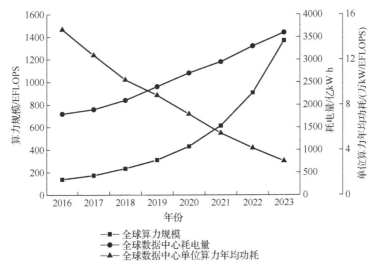

图 3-5　2016 年至 2023 年全球算力规模、全球数据中心耗电量及单位算力年均功耗
假设全球数据中心全年不间断工作

如图 3-6 所示，近年来，中国算力规模以及数据中心耗电量同样呈明显的加速增长趋势，且数据中心提供相同算力的功耗正在逐步降低，截至 2023 年，中国

数据中心单位算力年均功耗约为 7.9 万 kW/EFLOPS，表明中国数据中心算效正在逐渐提高，但单位算力年均功耗仍高于全球平均水平近 1 倍。需要说明的是，以上数据均基于数据中心全年不间断工作的假设计算得到，实际上目前数据中心上架率较低且远无法做到长时间满负载率工作，如图 3-7 所示，截至 2022 年，中国数据中心上架率约为 58%，还存在巨大的上升空间。

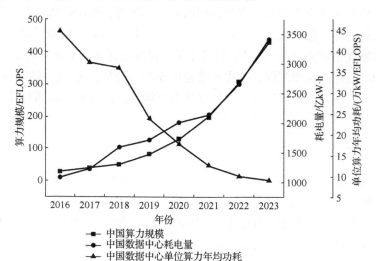

图 3-6　2016 年至 2023 年中国算力规模、数据中心耗电量及单位算力年均功耗

假设中国数据中心全年不间断工作

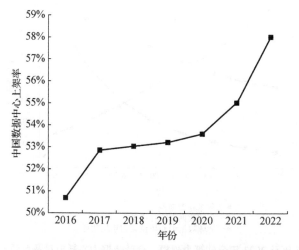

图 3-7　2016 年至 2022 年中国数据中心上架率

资料来源：《全国数据中心应用发展指引》（2017—2020 年），《2021 年中国数据中心市场报告》，《中国数据中心行业独立市场研究》

## 3.2　大模型及其能源资源消耗

数字经济时代，算力已类似于"水、电、车"等传统基础设施，成为推动经济和社会发展的关键性生产力。随着 LLM 的快速发展，海量数据爆发，计算量呈指数级增长，在传统基础设施架构下的算力已经无法满足大模型时代的需求。据 OpenAI 测算，全球 AI 训练所需的计算量呈现指数级增长，平均每 3.4 个月便会增长 1 倍，从 2012 年至 2018 年，计算量已扩大 30 万倍，远超算力增长速度（Sevilla et al.，2022）。

LLM 是具有数十亿甚至数千亿参数的深度学习模型，它们通过训练海量数据来学习复杂的模式和特征，具有强大的泛化能力，能够对未见过的数据做出准确的预测。大模型的基本原理包括深度神经网络、激活函数、损失函数、优化算法、正则化和模型结构等。它们通常采用 Transformer 架构，利用自注意力机制来理解序列数据中的长距离依赖关系。在大模型的训练中，语料信息的规模十分重要。一般来说，语料规模越大，其蕴含的信息就越丰富，模型所形成的参数就越多，从而泛化能力就会越强。为了获得智能水平更高的大模型，AI 模型的语料规模和参数规模越来越大。在大模型中，参数数量决定了模型大小，在训练之前，这些参数被设置为随机值。随着训练过程的进行，它们会被更新以优化模型在特定任务上的性能（Zhu et al.，2023）。如表 3-1 所示，2017 年，谷歌（Google）首次推出含 0.65 亿个参数的 Transformer 模型，自此大模型开始快速发展。2018 年，Google 发布 BERT（bidirectional encoder representations from Transformer，基于 Transformer 的双向编码器），BERT 学习了 16 GB 的语料，形成了 3.4 亿个参数；2019 年，OpenAI 推出了含 15 亿个参数的 GPT-2，同年，Google 推出 T5 模型，参数数量达到 110 亿个。从十亿级到百亿级，大模型在一年内实现跃升。2020 年，OpenAI 推出了含 1750 亿个参数的 GPT-3；2021 年，Google 推出 Switch Transformer 架构，其参数量增加到了 16 000 亿个；同年，北京智源人工智能研究院也推出参数量在万亿级别的模型"悟道"。2022 年，清华大学、阿里巴巴达摩院的研究人员推出的"八卦炉"模型，具有 1 740 000 亿个参数，可与人脑中的突触数量相媲美。

表 3-1　部分国内外大模型参数量对比

| 模型名称 | 研发团队 | 推出时间 | 参数量/亿个 |
| --- | --- | --- | --- |
| Transformer | Google | 2017 年 | 0.65 |
| BERT | Google | 2018 年 | 3.4 |

续表

| 模型名称 | 研发团队 | 推出时间 | 参数量/亿个 |
|---|---|---|---|
| GPT-2 | OpenAI | 2019 年 | 15 |
| T5 | Google | 2019 年 | 110 |
| Turing-NLG | 微软 | 2020 年 | 170 |
| GPT-3 | OpenAI | 2020 年 | 1 750 |
| DALL-E | OpenAI | 2021 年 | 120 |
| Switch Transformer | Google | 2021 年 | 16 000 |
| 盘古 CV | 华为 | 2021 年 | 30 |
| 盘古 NLP | 华为 | 2021 年 | 1 000 |
| PLUG | 阿里巴巴达摩院 | 2021 年 | 270 |
| 紫东太初 | 中国科学院 | 2021 年 | 1 000 |
| 悟道 | 北京智源人工智能研究院 | 2021 年 | 17 500 |
| Megatron-Turing | NVIDIA | 2021 年 | 5 300 |
| PaLM | Google | 2022 年 | 5 400 |
| 八卦炉 | 清华大学、阿里巴巴达摩院 | 2022 年 | 1 740 000 |
| PaLM-E | Google | 2023 年 | 5 620 |

大模型参数量的快速上升，导致其背后的训练成本也快速上升。据斯坦福大学发布的《2024 年人工智能指数报告》（Maslej et al.，2024），根据云计算租赁价格估计的部分 AI 模型训练成本如图 3-8 所示，2017 年，最初的 Transformer 模型支撑了几乎所有现代 LLM 的架构，其训练成本为 $930\times10^7$ 美元。2019 年发布的 RoBERTa-Large 训练成本约为 $160\ 018\times10^7$ 美元，到 2023 年，OpenAI 的 GPT-4 和 Google 的 Gemini Ultra 的训练成本分别约为 $78\ 352\ 034\times10^7$ 美元和 $191\ 400\ 000\times10^7$ 美元。

大模型训练成本与其算力需求之间存在直接关联，大模型的算力需求越大，其训练成本越高，而大模型的算力需求主要取决于模型参数量以及数据量这两个因素。在高昂的训练成本背后，硬件成本与能耗成本是其两大因素。硬件成本主要来自用于训练的显卡设备 GPU，如 NVIDIA 最新的 B200 芯片的成本为 30 000—40 000 美元，而 2023 年就有超过 380 万个 GPU 交付给数据中心。另外，运行 GPU 训练大模型所需消耗的电力成本也是不可忽视的方面（表 3-2），研究显示，训练 Google 于 2022 年发布的大模型 PaLM 需要消耗 3436 MW·h 的电量，约等于 11.8 万户美国普通家庭日耗电量（2022 年，美国普通家庭年均用电量为

10 791 kW·h）。此外，Google 发布的大模型 BERT 虽然仅需消耗 1.5 MW·h 的电量，但也相当于播放流媒体 1875 h（流媒体一小时需要大约 0.8 kW 电量）。

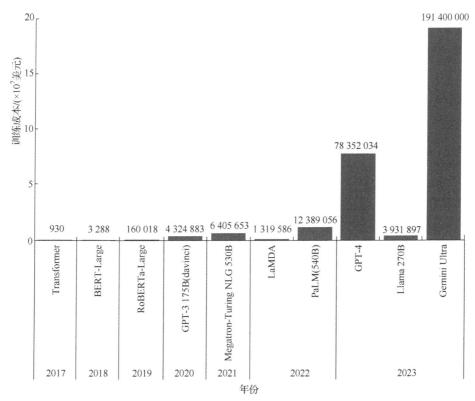

图 3-8　2017—2023 年部分 AI 模型的训练成本

表 3-2　训练部分大模型的耗电量

| 模型名称 | 研究团队 | 耗电量/（MW·h） |
| --- | --- | --- |
| PaLM | Google | 3436 |
| GPT-3 | OpenAI | 1287 |
| Gopher | Google DeepMind | 1066 |
| Llama 2（70B） | Meta | 688 |
| GLaM | Google | 456 |
| BLOOM | Hugging Face | 433 |
| OPT | Meta | 324 |
| BERT | Google | 1.5 |

除了训练能耗之外，在使用大模型过程中，用户的每次请求也会产生能耗，

即推理阶段的能耗。每个 ChatGPT 请求能耗约 2.9 W·h，AI 查询的耗电量约为传统 Google 查询的 10 倍，后者每个查询耗电约 0.3 W·h（de Vries，2023），如果 Google 将类似的 AI 集成到其搜索中，每次搜索的耗电量可能会增加到 6.9—8.9 W·h。根据 SemiAnalysis 的数据，在每个 Google 搜索中运用 LLM 可能需要每天 80 GW·h 或每年 29.2 TW·h 的电力消耗（Patel and Ahmad，2023）。

大模型的高能耗随之带来的是高碳排，斯坦福大学报告显示（Patel and Ahmad，2023），OpenAI 的 GPT-3 模型在训练期间释放了 502 t 碳（表 3-3），是当前有记录的大模型中碳排放最严重的模型之一，是 BLOOM 的 20.1 倍，约等于 8 辆普通汽油乘用车一生的碳排放量（一辆普通汽油乘用车一生的碳排放量约为 63 t），人均 91 年的碳排放量（人均每年碳排放量约为 5.51 t）。

表 3-3 训练部分 LLM 的碳排放量对比

| 模型名称 | 研究团队 | 碳排放量/t |
| --- | --- | --- |
| GPT-3 | OpenAI | 502 |
| Gopher | Google DeepMind | 352 |
| Llama 2（70 B） | Meta | 291.4 |
| PaLM | Google | 271.4 |
| Meena | Google | 96 |
| OPT | Meta | 70 |
| Switch Transformer | Google | 59 |
| T5 | Google | 47 |
| GLaM | Google | 40 |
| BLOOM | Hugging Face | 25 |
| BERT | Google | 0.7 |

注：T5 为 Text-to-Text Transfer Transformer（文本到文本转换 Transformer 模型）

此外，训练和运行大模型通常需要数以万计的服务器来提供计算资源、存储资源以及低延迟的网络连接，这些服务器会以集群的方式部署在数据中心，当它们一起工作时，会在短时间内产生高度集中的热量，所以需要大量的水资源进行冷却。以微软和 Google 为例，2022 年，微软一共用掉了约 17 亿 gal①（约 64 亿 L）水，可以填满约 2500 个奥运会规格的泳池（Wheatley，2023）；Google 的数据中心和办公室则用掉了总计 56 亿 gal（约 212 亿 L）水，相当于 37 个高尔夫球场

① 1 gal(US) = 3.785 43 L。

的用水量（de Vries，2023）。此外，据估计，在训练 GPT-3 时，微软的高性能数据服务器使用了 540 万 L 水来进行冷却，而 ChatGPT 服务中响应 10—50 个问题则需消耗 500 mL 水（Jiang et al.，2024）。如果对未来 AI 能源使用量的预测是准确的，研究人员预计，到 2027 年，AI 的直接和间接全球用水量可能达到 1000 亿至 1500 亿 gal（Galaz et al.，2021）。

## 3.3　大模型算力的电耗计算

### 3.3.1　训练阶段算力及能耗估算（以 GPT-3 为例）

1. 算力估算

据 OpenAI 论文（Kaplan et al.，2001），大模型训练阶段算力需求与模型参数数量、训练数据集规模等有关，且为两者乘积的 6 倍，即

训练阶段算力需求=6×模型参数数量×训练数据集规模

GPT-3 模型参数为 1750 亿个，预训练数据量为 45 TB，折合成训练集约为 3000 亿 tokens，则

$$训练阶段算力需求=6×1.75×10^{11}×3×10^{11}$$

$$=3.15×10^{23} \text{ FLOPS}$$

$$=3.15×10^{8} \text{ PFLOPS}①$$

实际运行中，GPU 算力除用于模型训练，还用于处理通信、数据读写等任务，因此应考虑有效算力比率。如表 3-4 所示，OpenAI 训练 GPT-3 采用 NVIDIA 的 V100 GPU，有效算力比率为 21.3%（Chowdhery et al.，2022）。因此，GPT-3 的实际算力需求应为 $1.48×10^{9}$ PFLOPS。

表 3-4　近年推出的 LLM 有效算力比率情况

| 模型名称 | 推出时间 | 参数数量/亿个 | 使用硬件 | 有效算力比率 |
| --- | --- | --- | --- | --- |
| GPT-3 | 2020 年 5 月 | 1750 | V100 | 21.3% |
| Gopher | 2021 年 12 月 | 2800 | 4096 TPU v3 | 32.5% |
| Megatron-Turing-NLG | 2021 年 10 月 | 5300 | A100 | 30.2% |
| PaLM | 2022 年 4 月 | 5400 | 6144 TPU v4 | 46.2% |

① PFLOPS 表示 petaFLOPS，即每秒千万亿次浮点运算次数。

2. 能耗估算

能耗方面，假设以单机搭载 16 片 V100 GPU 的 NVIDIA 的 DGX2 服务器承载 GPT-3 的训练任务，该服务器 AI 算力性能为 2 PFLOPS，最大功率为 10 kW，则

训练阶段需要服务器数量=训练阶段算力需求÷服务器 AI 算力性能

$$=1.48\times10^9\div2=7.4\times10^8 \text{台（同时工作 1 s）}$$

折合约 8565 台该型号服务器同时工作 24 h，在算力需求已定的情况下，服务器数量仅影响计算时长，耗电量保持不变，因此：

训练阶段服务器耗电量=服务器最大功率×运行时间×服务器数量

$$=10\times24\times8565=2\,055\,600 \text{kW}\cdot\text{h}$$

故其训练阶段能耗需求为 2 055 600 kW·h，PUE 为 1.2 时耗电量约为 2 466 720 kW·h。此外，值得注意的是，如表 3-2 所示，有报告估算 GPT-3 的训练耗电量约为 1287 MW·h，与本计算过程存在一定差异，因此本计算过程仅供参考。

### 3.3.2　推理阶段算力及能耗估算（以 GPT-3 为例）

1. 算力估算

ChatGPT 与用户对话时需进行模型推理，消耗智能算力。根据前述 OpenAI 论文，推理阶段算力需求是模型参数数量与训练数据集规模乘积的 2 倍：

推理阶段算力需求=2×模型参数数量×训练数据集规模

假设每轮对话产生 500 tokens（约 350 个单词），则

每轮对话产生推理算力需求=$2\times1.75\times10^{11}\times500$

$$=1.75\times10^{14} \text{FLOPS}=0.175 \text{PFLOPS}$$

按照 ChatGPT 每日 2500 万访问量，假设每次访问发生 10 轮对话，则

每日对话产生推理算力需求=$0.175\times2.5\times10^7\times10$

$$=4.375\times10^7 \text{PFLOPS}$$

同样考虑实际运行中的有效算力比率，近年来推出的各种大模型有效算力比率正逐年提升，因此 ChatGPT 上线后有效算力比率可按 30%取定，则每日对话实际算力需求为 $1.46\times10^8$ PFLOPS。

2. 能耗估算

假设以单机搭载 8 片 A100 GPU 的 NVIDIA DGXA100 服务器承载对话推理，

该服务器 AI 算力性能为 5 PFLOPS，最大功率为 6.5 kW，则 ChatGPT 每日对话需要 338 台服务器同时工作，每日耗电 52 728 kW · h，PUE 为 1.2 时耗电量约为 63 274 kW · h。

### 3.3.3　GPT-3 算力及能耗估算小结

据上述具体计算过程，GPT-3 训练及推理阶段的具体能耗如表 3-5 所示。

**表 3-5　GPT-3 训练及推理阶段的具体能耗**

| 阶段 | 模型参数/亿个 | 训练集规模/tokens | 算力/PFLOPS | 服务器/台 | 耗电量/（kW · h） | 总耗电量/（kW · h）（PUE=1.2） |
|---|---|---|---|---|---|---|
| 训练 | 1750 | 3000 亿 | $1.48\times10^9$ | 8565 | 2 055 600 | 2 466 720 |
| 推理/日 | 1750 | 500 | $1.46\times10^8$ | 338 | 52 728 | 63 274 |

## 3.4　中国数据中心能耗预测

数据中心耗电量巨大，因此对未来数据中心能耗进行预测，对相关节能技术的发展具有重要意义。在能耗数据统计及预测过程中，由于数据中心的规模、上架率及利用率等方面因素的影响，获得准确的能耗信息存在一定难度。因此，本节基于历史数据拟合与各机构估算值两种路径进行中国数据中心的能耗预测。

### 3.4.1　基于历史数据拟合的数据中心能耗预测

本节依据陈晓红等（2024）的数据，首先根据其统计的 2016—2022 年中国算力规模数据，对 2023—2030 年的中国算力规模进行拟合预测，其次以算力规模等为变量，与中国数据中心能耗进行多元线性拟合，进而预测出未来中国数据中心能耗。据陈晓红等（2024）的研究，中国数据中心 2016 年至 2022 年总算力规模、智能算力规模、基础算力规模、超算算力规模如图 3-9 所示。

总算力规模、智能算力规模、基础算力规模三者增长趋势均接近二次函数，利用二次函数进行拟合，$R^2$ 分别为 0.9972、0.9987、0.9977，进而对 2023 年至 2030 年上述三类算力规模进行模拟和预测，结果如图 3-10 所示。

中国数据中心总能耗与技术水平（随时间发展）、算力规模以及算力类型占比相关，以时间、总算力规模、基础算力规模、智能算力规模为变量进行多元线性拟合，$R^2$ 为 0.9731，拟合结果如图 3-11 所示。

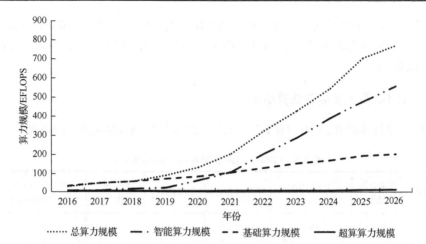

图 3-9　2016—2026 年中国数据中心算力规模（2023 年及之后为模拟/预测数据）

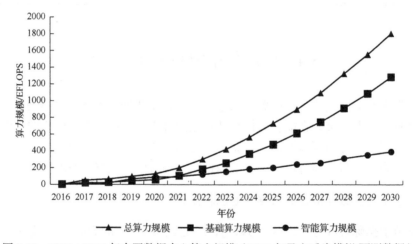

图 3-10　2016—2030 年中国数据中心算力规模（2023 年及之后为模拟/预测数据）

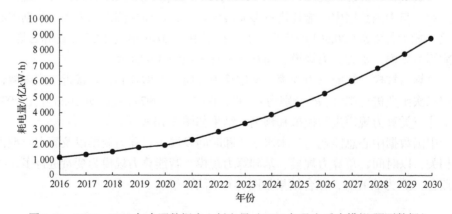

图 3-11　2016—2030 年中国数据中心耗电量（2023 年及之后为模拟/预测数据）

其中，2023 年数据中心总耗电量为 3276 亿 kW·h，2025 年数据中心总耗电量为 4491 亿 kW·h，2030 年数据中心总耗电量为 8707 亿 kW·h。

2023 年中国总耗电量为 9.22 万亿 kW·h，中国电力企业联合会预测，2025 年中国总耗电量为 9.5 万亿 kW·h，2030 年中国总耗电量为 11.3 万亿 kW·h。由此可得，2023 年数据中心耗电量占全国总耗电量的 3.55%，2025 年占 4.73%，2030 年占 7.71%。

### 3.4.2　基于各机构估算值的数据中心能耗预测

本节将现有研究中不同学者、机构或报告等统计及预测的中国数据中心能耗进行汇总，并对比分析其大致趋势（另有其他说法）。由陈晓红、中国电子节能技术协会等不同学者、机构或报告统计及预测的全国数据中心用电量如图 3-12 所示（陈晓红等，2024；华经产业研究院，2021；立鼎产业研究网，2023；兰洋科技，2023；张文佺等，2019；信达证券，2022），时间范围为 2015—2026 年。结合由国家能源局每年发布的中国全社会用电量数据，中国数据中心用电量占全社会用电量的比重如图 3-13 所示。综合拟合结果与统计结果，尽管在具体能耗数据上存在一定差异，但可以看出，到 2025 年，中国数据中心用电量将达到 4000 亿 kW·h，占全社会用电量比重在 4% 以上。

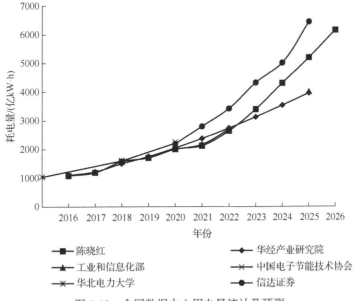

图 3-12　全国数据中心用电量统计及预测

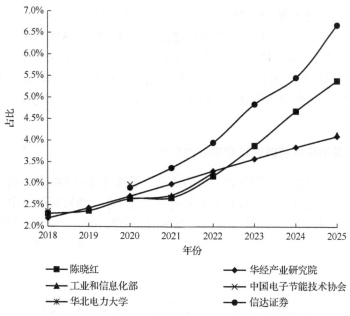

图 3-13　中国数据中心用电量占全社会用电量的比重

# 参 考 文 献

陈晓红, 曹廖滢, 陈姣龙, 等. 2024. 我国算力发展的需求、电力能耗及绿色低碳转型对策[J]. 中国科学院院刊, 39(3): 528-539.

国家统计局. 2012. 中国统计年鉴 2012[M]. 北京: 中国统计出版社.

国家统计局. 2015. 中国统计年鉴 2015[M]. 北京: 中国统计出版社.

国家统计局. 2019. 中国统计年鉴 2019[M]. 北京: 中国统计出版社.

国家统计局. 2023. 中国统计年鉴 2023[M]. 北京: 中国统计出版社.

华经产业研究院. 2021. 2021—2026 年中国数据中心行业市场供需格局及投资规划建议报告[EB/OL]. https://www.sohu.com/a/502734323_120113054[2024-12-11].

兰洋科技. 2023. 数据中心能耗现状和能效水平分析[EB/OL]. https://www.blueocean-china.net/faq3/234.html[2024-12-11].

立鼎产业研究网. 2023. 2025 年我国数据中心耗电量将增长至近 4000 亿 Kwh, 节能降耗需求迫切[EB/OL]. https://www.leadingir.com/trend/view/7381.html[2024-12-11].

王永真, 唐豪, 魏一鸣, 等. 2025. 中国数据中心综合能耗及其灵活性预测[J]. 北京理工大学学报(社会科学版), 27(2): 12-18.

信达证券. 2022. 2020—2025 电力电量分析与展望[EB/OL]. https://pdf.dfcfw.com/pdf/H3_AP202203161553034232_1.pdf[2024-12-11].

张文佺, 张素芳, 王晓烨, 等. 2019. 点亮绿色云端: 中国数据中心能耗与可再生能源使用潜力研究[EB/OL]. https://www.greenpeace.org.cn/wp-content/uploads/2019/09/点亮绿色云端:中国数据中心能耗与可再生能源使用潜力研究.pdf[2024-12-11].

中国信息通信研究院. 2022. 中国算力发展指数白皮书(2022 年)[EB/OL]. http://www.caict.ac.cn/

kxyj/qwfb/bps/202211/P020221105727522653499.pdf[2024-12-11].

CDCC. 2021. 2021 年中国数据中心市场报告[R]. 上海：CDCC 第九届数据中心标准峰会.

Chowdhery A, Narang S R, Devlin J, et al. 2022. PaLM: scaling language modeling with pathways[EB/OL]. https://arxiv.org/abs/2204.02311v5[2024-12-23].

de Vries A. 2023. The growing energy footprint of artificial intelligence[J]. Joule, 7(10): 2191-2194.

Galaz V, Centeno M A, Callahan P W, et al. 2021. Artificial intelligence, systemic risks, and sustainability[J]. Technology in Society, 67: 101741.

Jiang P, Sonne C, Li W L, et al. 2024. Preventing the immense increase in the life-cycle energy and carbon footprints of LLM-Powered intelligent chatbots[J]. Engineering, 40: 202-210.

Kaplan J, McCandlish S, Henighan T, et al. 2001. Scaling laws for neural language models[EB/OL]. https://arxiv.org/pdf/2001.08361[2024-12-11].

Maslej N, Fattorini L, Perrault R, et al. 2024. Artificial intelligence index report 2024[EB/OL]. https://arxiv.org/abs/2405.19522[2024-05-29].

Patel D, Ahmad A. 2023. The Inference cost of search disruption-large language model cost analysis [EB/OL]. https://semianalysis.com/2023/02/09/the-inference-cost-of-search-disruption/[2024-12-11].

Sevilla J, Heim L, Ho A, et al. 2022. Compute trends across three eras of machine learning[R]. Padua: 2022 International Joint Conference on Neural Networks.

The Markets Café. 2023. Google's water use is soaring. AI is only going to make it worse[EB/OL]. https://themarketscafe.com/googles-water-use-is-soaring-ai-is-only-going-to-make-it-worse/[2024-12-11].

Wheatley M. 2023. Report: Data centers guzzling enormous amounts of water to cool generative AI servers[EB/OL]. https://siliconangle.com/2023/09/10/report-data-centers-guzzling-enormous-amounts-water-cool-generative-ai-servers/[2024-12-11].

Zhu S Q, Yu T, Xu T, et al. 2023. Intelligent computing: the latest advances, challenges, and future[J]. Intelligent Computing, 2: 0006.

# 第4章　全球数据中心绿色低碳行动与对比

## 导　　读

（1）美国是仅次于中国的世界第二大排放国，与2022年相比，其2023年的碳排放量下降了3%。按人均计算，美国的排放量仍然是欧洲和中国的两倍，是印度的八倍。

（2）多个数据中心企业宣布不晚于2030年实现自身运营的碳中和，并推动价值链的碳中和。中国数据中心典型企业的碳排放与国外同类企业有较大的差距。

（3）节能提效、发展场内绿色电力、购买可再生电力等是数据中心低碳化的主要发展方向。

## 4.1　全球温室气体及碳排放现状

清洁能源的不断发展有效遏制了全球碳排放量的增长，加之受到新冠疫情和天气的影响，2023年的全球碳排放量增量下降至1.1%。其中，中国是全球最大的碳排放国，但人均碳排放量相对较低。另外，中国在碳排放权交易市场和温室气体自愿减排交易市场方面取得了新的进展。中国的碳市场虽然仍处于起步阶段，但已经涵盖了约2000家电力行业企业。2023年底，中国碳价较年初上涨了44.4%，并在下半年创下了每吨81.67元的历史新高。国务院印发的《2024—2025年节能降碳行动方案》提出，2024年，单位国内生产总值能源消耗和二氧化碳排放分别降低2.5%左右、3.9%左右。这表明中国在节能降碳方面采取了一系列措施，以推进碳达峰和碳中和目标的实现（中国生态环境部，2024）。

从1850年到2022年，全球温室气体的排放量总体上呈上升趋势。其中，亚洲（不包括中国和印度）的排放量增长最为显著，其次是非洲、北美洲（不包括美国）、欧洲和美国。大洋洲的排放量相对较低，但也在增加。其中，美国是仅次于中国的世界第二大排放国，与2022年相比，其2023年的排放量下降了3%，主要原因是经济和环境因素促使煤炭使用量长期下降。有一种普遍的说法是，美国进行减排的次数超过了任何其他国家。按人均计算，美国的排放量仍然是欧洲和中国的两倍，是印度的八倍。

2023 年各行业对这些排放的贡献与前几年大致相同。电力行业 $CO_2$ 排放量占全球 $CO_2$ 排放量的 38.4%，工业占 29.0%，地面运输占 18.6%，住宅占 9.4%，国际燃料（国际航空和航运）占 3.5%，国内航空占 1.0%。在经济体层面，前五大排放经济体的排放量总和与往年相似。按降序排列，中国、美国、印度、欧盟和俄罗斯的排放量合计占全球排放量的 64%，即 23.0 Gt $CO_2$[①]。然而，与 2022 年和 2023 年相比，各经济体年际波动明显，难以预测长期的排放趋势。例如，中国 2022 年的排放量下降了 1.9%，达到 11.0 Gt $CO_2$，但 2023 年增加了 2.9%，达到 11.3 Gt $CO_2$。相比之下，其他经济体则保持了早先的增长趋势。例如，印度 2022 年的排放量激增了 6.9%，达到 2.6 Gt $CO_2$，2023 年再增长 4.4%至 2.7 Gt $CO_2$；这样一来，印度就超过了欧盟，成为第三大排放经济体。俄罗斯也呈现出类似的增长趋势，2022 年排放量增加了 1.0%，达到 1.5 Gt $CO_2$，2023 年增长 2.4%至 1.54 Gt $CO_2$。与此同时，其他经济体的排放量开始减少。美国 2022 年排放量增加了 3.0%，达到 5.0 Gt $CO_2$，2023 年下降 2.4%至 4.9 Gt $CO_2$。同样，欧盟 2022 年的排放量增加了 0.3%，达到 2.8 Gt $CO_2$，而 2023 年下降 6.2%至 2.6 Gt $CO_2$（ University of Exeter and Stanford Doerr School of Sustainability，2023；Liu et al.，2024 ）。

## 4.2　国内外数据中心碳排放对比

数据中心领域各个企业都在向着降低碳排放量的方向发展。图 4-1 显示了 2022—2023 年不同公司的可再生能源发电量、可再生能源容量以及碳排放量的比较。图 4-1 中的公司包括苹果公司、Meta、微软、Equinix、阿里巴巴和腾讯。微软在可再生能源发电量和可再生能源容量方面都是最高的，分别为 17 245 GW·h 和 13 500 MW。由此可见，虽然中国的互联网科技企业在可再生能源使用方面取得了一定的进展，但与国际先进水平相比，仍存在一定差距。故而中国企业需要进一步学习可再生能源的使用，以促进更广泛的绿色转型。

就中国而言，腾讯自 2021 年初开始碳中和规划，已取得一定成果，如表 4-1 所示，已在办公楼宇实施节能措施并取得能源与环境设计先锋（Leadership in Energy and Environmental Design，LEED）认证。腾讯在其碳中和目标及行动路线报告中承诺不晚于 2030 年实现自身运营及供应链的全面碳中和，并计划 100%使用绿色电力。为实现目标，腾讯将降低能耗，提高资源利用效率，提高可再生能源使用比例，参与绿色电力交易，开发新能源项目，并采用碳抵消策略。此外，腾讯将通过开发相关小程序和游戏引领公众低碳生活，为企业提供技术支持以促进产业低碳转型，并通过推动碳中和关键技术的发展，如碳捕集、利用与

---

① Gt 即 gigaton（十亿吨）。

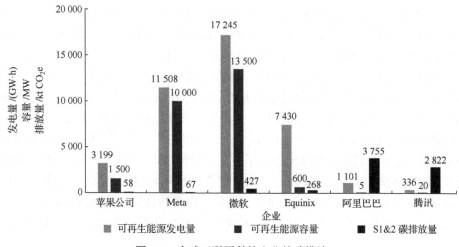

图 4-1　全球互联网科技企业的碳排放

S1&2 表示《温室气体核算体系》设定的范围一和范围二

封存，来创造可持续的社会价值（腾讯，2024）。再如，阿里巴巴在其碳中和行动报告中宣布了碳中和目标，计划不晚于 2030 年实现自身运营的碳中和，并推动价值链的碳中和。阿里巴巴将采取包括提高能效、使用可再生能源、优化供应链、开发碳中和技术等在内的多项措施。同时，公司将通过旗下平台倡导绿色消费，支持生态保护和植树造林项目，以及推动整个价值链的减排。另外，公司还将建立绿色物流网络，减少包装材料的使用，以及推动电子发票和数字化交易，减少纸张消耗。

表 4-1　腾讯企业 ESG 2023 相关信息

| | 指标 | 2023 年 | 2022 年 | 2021 年 |
|---|---|---|---|---|
| 温室气体 | 温室气体排放总量（范围一、二、三）/tCO$_2$e | 5 793 823.7 | 5 739 723.7 | 5 871 780.7 |
| | 每收入单位的温室气体排放总量/（tCO$_2$e/万元） | 950 | 1040 | 1050 |
| | 范围一排放量/tCO$_2$e | 275 373.5 | 172 137.9 | 18 797.8 |
| | 范围二排放量/tCO$_2$e | 2 561 328.3 | 2 650 073.3 | 2 471 041.1 |
| | 范围三排放量/tCO$_2$e | 2 957 122.0 | 2 917 512.5 | 3 381 941.8 |
| 能源 | 能源消耗总量/（MW·h） | 5 165 168.2 | 5 046 045.1 | 4 452 650.1 |
| | 每收入单位的能源消耗总量/（MW·h/万元） | 850 | 910 | 790 |
| | 直接能源消耗量/（MW·h） | 37 373.3 | 35 054.9 | 66 293.4 |
| | 汽油/L | 91 118.9 | 44 623.7 | 34 160.0 |
| | 柴油/L | 1 208 688.0 | 1 458 596.4 | 3 261 447.6 |

续表

| | 指标 | 2023 年 | 2022 年 | 2021 年 |
|---|---|---|---|---|
| 能源 | 天然气/m³ | 2 272 886.4 | 1 867 442.0 | 3 111 654.3 |
| | 间接能源消耗量/（MW·h） | 5 127 794.9 | 5 010 990.2 | 4 386 356.7 |
| | 总用电量/（MW·h） | 5 114 669.0 | 4 997 129.6 | 4 374 294.7 |
| | 其他间接能源/（MW·h） | 13 125.9 | 13 860.6 | 12 062.0 |
| | 直接购买的可再生能源/（MW·h） | 604 277.1 | 336 419.5 | 63 000.0 |
| | 自建可再生能源设施发电量/（MW·h） | 28 311.5 | 21 870.0 | 2 334.5 |
| | 可再生电力占比 | 12.4% | 7.2% | 1.5% |
| | 自建可再生能源设施装机容量/（MW·h） | 52.2 | 19.6 | — |
| | 数据中心平均 PUE | 1.279 | 1.289 | 1.317 |

资料来源：腾讯（2023）

注：ESG 2023 表示《2023 年环境、社会及管治报告》（Environmental, Social and Governance Report 2023）

## 4.3　数据中心减排的方式

　　数据中心低碳化的大部分措施含节能提效、发展场内绿色电力、购买可再生电力、新创可再生电力这四个方向。图 4-2 展示了不同技术手段在 2019 年至 2030 年间的碳减排效果预测情况。从图中可以看出，随着时间的推移，各种技术手段的碳减排效果也在逐渐提升。其中，对于非减排情境下的碳减排曲线，节能提效可减少 $CO_2$ 排放 8%—14%，发展场内绿色电力可减少 $CO_2$ 排放 1%—2%，购买

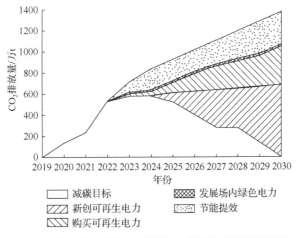

图 4-2　算力基础设施中不同技术手段碳减排效果预测

可再生电力可减少 $CO_2$ 排放 30%—40%，新创可再生电力可减少 $CO_2$ 排放 40%—50%。面对能源消耗与碳排放的逐年增长，以及上游能源短缺和成本上升、下游数据流量需求旺盛的双重压力，信息与通信技术（information and communications technology，ICT）行业积极投资于可再生能源项目，其中，在全球 ICT 行业积极参与绿色电力（以下简称绿电）交易的背景下，数据中心运营商通过绿电交易能够有效减少碳足迹。这不仅减小了电价波动幅度、降低了对环境的影响，还提升了企业的品牌声誉。超大规模数据中心运营商通常通过签署可再生电力购买协议来减少运营中的碳排放。例如，亚马逊、微软、Meta 和谷歌等公司已签订了超过 38 万份合同，以确保其数据中心的全部电力消耗与可再生能源匹配。

中国数据中心在绿电、绿色电力证书（以下简称绿证）交易方面仍具有较大的发展潜力。自 2021 年 9 月启动试点以来，绿电交易政策体系不断完善，市场规模持续扩大。截至 2024 年 12 月底，全国绿证累计交易 5.53 亿个。数据中心已成为绿电交易的主要参与者之一，国网青海省电力公司通过"e-交易"平台，组织省内光伏电站与大数据企业参与绿电交易，2023 年累计成交电量达 0.46 亿 kW·h。互联网头部企业如阿里云自 2021 年参与国内首次市场化绿电交易后，显著提高了自建数据中心清洁能源的使用比例，2023 年该比例达到 53.9%，减碳量达 110.5 万 t。腾讯数据中心 2023 年的可再生能源设施总装机容量同比增长 166.3%，达到 52.2 MW，采购绿电约 60.4 万 MW·h，避免了约 34.5 t 的碳排放。

### 4.3.1 节能提效

节能提效通常指的是通过各种手段提高能源使用效率，同时降低能耗，从而达到节约能源和降低运营成本的目的。数据中心的节能提效是降低运营成本、提高资源利用效率以及降低环境影响的重要措施。在技术层面，数据中心通过采用高效服务器和存储设备来降低能耗。这包括使用低功耗的处理器，提高服务器利用率的技术，如虚拟化，以及采用固态存储设备来替代高能耗的机械硬盘。此外，优化数据中心的网络设备，减少不必要的网络设备功耗，也是节能的重要手段。冷却系统的优化对于数据中心的节能至关重要。采用高效冷却技术，如自由冷却、液体冷却、热通道/冷通道隔离技术，以及利用外部冷空气，可以显著减少冷却能耗。部署智能冷却控制系统，根据实时负载和温度数据调整冷却输出，也是提高能效的关键。建立能源管理系统，监控和分析能耗数据，制定和执行节能策略，可以有效节约能源。在运营管理方面，数据中心的节能提效依赖于高效的运维管理。这包括定期维护设备以确保其处于最佳运行状态，以及通过数据分析和 AI 技术优化资源分配和负载管理。在废热回收利用方面，数据中心可以将服务器产生的废热用于供暖或热水供应，从而提高能源的整体利用效率。2023 年国家绿色数据中心的 PUE 平均值已从首批次的 1.6 下降至 1.2。此外，数十家数据中心通过绿色化升级改造，实现了年节电量 1.8 亿 kW·h，相当于减少 $CO_2$ 排放 10.2 万 t（工业和信息化部，2024）。综上所述，数据中心的节能提效是一个系统工程，涉及技术创新、建筑设计、运营管理、员工行为和行业合作等多个方面。通过这些综合措施，数据中心可以显著降低能耗，提高能源利用效率，实现可持续发展。

### 4.3.2　发展场内绿色电力

场内绿色电力，是指在特定区域内，如一个建筑物、园区或工厂内，直接使用的绿色电力。这些电力通常来源于可再生能源，如太阳能、风能、水能或地热能等，这些能源在产生电力时对环境的影响较小，有助于减少温室气体排放和其他环境污染。就数据中心而言，这里所提到的场内绿色电力特指数据中心建设，通过光伏、风力发电等手段产生的电力。其优势在于能够即时提供可靠的电力供应，减轻对传统电网的依赖，同时有助于降低能源成本和提高能源使用效率，但是其在所耗电力中占比较小。在中国，一些数据中心已经开始自建光伏发电设施来提升场内绿色电力的使用比例。比如，腾讯的数据中心在光伏发电方面取得了显著进展。腾讯天津高新云数据中心实施了分布式新能源微电网项目，总装机容量达到 10.54 MW，年产零碳绿电量达 1200 万度，相当于 6000 户家庭一年的用电量。万国数据服务有限公司在上海外高桥数据中心园区的上海三号数据中心结合数据中心南立面无窗特点，设计规划了数据中心行业内最大的太阳能墙，每年可减少消纳传统火电 9 万 kW·h，相当于减少 $CO_2$ 排放 63.3 t。如阿里巴巴、腾讯、百度等互联网企业，以及秦淮数据集团、万国数据服务有限公司等数据中心建设运营企业为实现大规模应用可再生电力已经在自建分布式可再生能源电站等方面进行了积极的探索。另外，在政策层面，万国数据服务有限公司也在积极跟进包括可再生能源配额制、增量配电网、分布式发电交易、微电网等在内的可再生能源政策的走向，探索绿色能源+数据中心的产业模式，努力提升数据中心的绿色属性。此外，在江苏的腾讯云仪征数据中心，有一个总装机容量达 12.92 MW 的分布式光伏项目，平均年发电量超过 1200 万 kW·h，相当于每年节约标准煤约 3800 t，减少 $CO_2$ 排放量约 1 万 t。腾讯云方面介绍，腾讯云仪征数据中心分布式光伏项目采用的是"自发自用"的并网方式。数据中心屋顶 28 000 多块高效单晶硅光伏组件所生产的绿色清洁电能，将经过逆变器、变压器等流程处理后接入数据中心中压电力方仓，最终全部用于数据中心内服务器以及空调系统的电力开销，支撑数据中心的低碳化发展。除了提供绿色电力外，分布式光伏还将在数据中心屋顶形成遮挡，最大限度避免数据中心因阳光直射而热量聚集，进而降低夏季数据中心在散热方面的空调能耗①。

### 4.3.3　购买可再生电力

近年来数据中心正在积极采取措施购买和利用可再生电力，以降低能耗和碳排放，支持可持续的数字经济发展。购买可再生电力可分为四个大类：与发电商签订购电协议、与售电商签订电力购买合同、单独的绿证交易、从电网中默认获得的可再生电力。

（1）与发电商签订购电协议（power purchase agreement，PPA）：PPA 广义上可以泛指与各种类型电源企业签订的购电协议，但狭义上一般特指用户与风电、光伏等新能源企业签订的为期 10—20 年的购电协议，并伴随可再生能源证书（renewable energy certificate，REC）的转让。

购电协议可以分为实体购电协议（physical PPA）和虚拟购电协议（virtual PPA）。实体购电协议是一种传统的购电协议，购电方直接从可再生能源发电方购买电力，并实际接收和使用这些电力。发电方将电力直接输送到企业的用电设施或其指定的电网接入点，通常为长期合同，期限达 10—20 年，为企业提供稳定的电力供应和价格保障。虚拟购电协议也称为金融购电协议，是一种金融工具，购电方与售电方签订协议，通过金融结算的方式购买电力的环境属性，而不是实际接收电力。如果市场价格低于协议约定的价格，购电方补偿售电方的差价；如果市场价格高于协议约定的价格，售电方需要将差价退还给购电方。

购电协议可以用于现场，也可以用于异地。在现场购电协议中，可再生能源资产（如风力涡轮机或太阳能电池板）安装在购电方所在地。能源供应商（或项目开发商）在商定的期限内掌握可再生能源系统的运营、所有权，且需要定期进行维护。购电方通常无须承担前期成本或资本成本。对于一些购电方（主要是大型组织）来说，现场可再生能源发电可能不足以实现可再生能源目标。异地 PPA 使他们能够实现这些目标，甚至通过提供大规模可再生能源设施来履行监管义务，从中采购更多的可再生能源。

国际方面，一些超大规模的数据中心运营商在可再生能源采购方面处于领先地位，主要通过 PPA 进行采购。2019 年，谷歌与 AES Chile 签订了一项合同，将在智利的 Bíobío 地区（比奥比奥大区）建造 23 台新风力涡轮机。该项目是风能和太阳能混合项目的一部分，将为谷歌在拉丁美洲的首个数据中心产生 125 MW 的清洁能源。随着该风力发电场的投入运营，谷歌智利数据中心的无碳能源使用

---

① 《年发电超 1200 万 kWh，江苏最大数据中心屋顶分布式光伏项目全容量投产》，https://caijing.chinadaily.com. cn/a/202202/24/WS6216f0f1a3107be497a078ab.html，2024-11-09。

率将超过 80%。2023 年，苹果公司的数据中心消耗了 23.44 亿 kW·h 的电力，虽然这一数字比上一年的 21.4 亿 kW·h 有所增加，但其所用电力 100% 来自可再生能源，这些能源包括太阳能、风能和沼气燃料电池等。

2024 年 5 月 1 日，微软与布鲁克菲尔德资产管理公司宣布签署 PPA，这是有史以来全球最大的企业级清洁能源采购协议。微软将投资 100 多亿美元开发可再生电力，以满足人工智能和数据中心日益增长的需求。布鲁克菲尔德资产管理公司将在 2026 年至 2030 年为微软在美国和欧洲提供 10.5 GW 可再生能源。如图 4-3 所示，亚马逊、微软、Meta 和谷歌是可再生能源的四大购买者，从 2010 年到 2022 年，他们已签订了近 50 GW 的合同，相当于瑞典全国的发电量。

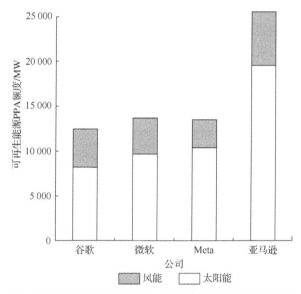

图 4-3　2010 年至 2022 年主要数据中心运营商签署可再生能源 PPA 的情况

（2）与售电商签订电力购买合同：一类是与售电公司就特定发电项目订立长期购买合同；另一类是与售电公司就非特定发电项目订立零售电力采购合同。长期购买合同是指售电公司与特定的发电项目（如风电场、太阳能电站等）签订的长期协议。协议中规定了电力的购买价格、供应量、供电期限等条款。特点是具有稳定性，这种合同通常有较长的合同期限（如 10 年、20 年等），保证了价格和供应的长期稳定性。合同中通常会规定固定的电力价格或价格变动的公式，有助于规避市场价格波动带来的风险。这种合同为发电项目提供了稳定的收入来源，有助于发电项目融资，售电公司可以确保从特定发电项目获得稳定的电力供应。适用于大型发电项目，如大型风电场或太阳能发电站，适合需要长期稳定电力供应的用户或希望锁定长期价格的用户。零散采购电力也称市场化采购，是指售电公司从多个非特定发电项目中购买电力。这些发电项目的电力来源具有多样性，可能是基于短期合同获取的电力、从现货市场采购的电力，又或是通过参与电力市场竞拍等方式竞得的电力。这种采购方式较为灵活，可以根据市场需求和价格变化进行调整。电力价格可能会受到市场波动的影响，因此可能会面临价格的不确定性（Han et al.，2025）。由于可以从多个不同的发电项目中采购电力，供应来源较为分散，因此需要在价格波动和供应稳定性之间进行平衡。适用于需要灵活采购电力的用户，或者希望通过市场价格变化获取更优惠电价的用户，以及那些不依赖于长期固定供应来源的用户，如一些中小型企业或希望通过电力市场降低成本的用户。长期购买合同保证了价格和供应的长期稳定性，但通常需要较长的合同期限。零散采购电力则保证了灵活性和市场化价格，但价格和供应的稳定性较差。选择哪种模式取决于用户的需求，比如对价格稳定性的需求、对灵活性的需求，以及对电力供应可靠性的期望。

通过市场化交易直接采购可再生电力，即电力用户直接与可再生电力企业或售电公司进行交易，采购可再生电力。目前根据交易区域分为省间市场化交易和省内市场化交易两种方式，根据结算周期分为中长期交易和现货市场，根据成交方式分为双边协商、集中撮合和集中竞价等方式，根据交易频次分为年度交易、季度交易、月度交易和日前交易等方式。可再生能源交易量的上升，推动了电力交易市场的建设。国家相关主管部门先后出台多项电力市场建设政策文件，提及现货交易可以更好地匹配新能源实际发电能力，是中长期交易的重要补充。部分电力现货市场试点省份正在开展可再生能源参与现货市场的探索。随着电力体制改革工作的开展以及数据中心的发展受到各地重视，陆续有专门针对数据中心通过电力市场直接采购可再生电力的政策出台。比如，秦淮数据集团在能源流富集区域利用超大规模数据中心稳定、大量的能源需求特征，从需求侧为可再生能源发电企业释放发电潜力、挖掘成本优势提供动力，助力地方政府进行能源改革，如张家口的"四方协作机制"和山西的《战略性新兴产业电价机制实施方案》等；同时与地方一同寻求适配数据中心以及与战略性新兴产业发展相适宜的用电模式，提升可再生能源的本地消纳比例，变输能源为输算力。腾讯 2024 年初预测，其全年可再生能源采购量预计将超过 13 亿 kW·h，较 2023 年翻一番。截至 2024 年 1 月 19 日，可再生能源占腾讯自有数据中心年用电量的 54%，超过 70% 的自建园区使用绿色电力（腾讯，2024）。

（3）单独的绿证交易：绿证在国际电力市场又被称为 REC，属于能源属性证书（energy attribute certificate，EAC），代表可再生能源发电的环境属性或"绿色价值"，是一种可以交易的证书，这种证书与实际对应的电力可以分别交易，即可以独立于电力本身进行交易①。交易方可以通过购买可再生能源属性证书来证明其所用电力的可再生能源来源。

国际上比较常见的能源属性证书包括：国际可再生能源证书（international renewable energy certificate，I-REC）、全球可再生能源交易工具（tradable instrument for global renewables，TIGR）、中国的可再生能源绿色电力证书（中国绿证）（green electricity certificate，GEC）、欧洲的来源担保证书（guarantee of origin，GO）、北美的 REC、澳大利亚的大规模发电证书（large-scale generation certificate，LGC）、小型技术证书（small-scale technology certificate，STC）等。2001 年荷兰率先开展了绿证交易。此后，美国、日本、英国、法国、荷兰、瑞典、丹麦、芬兰、瑞士、挪威、意大利、奥地利、比利时、加拿大、澳大利亚等二十多个国家均开展了绿证交易。随着绿电绿证交易规模的持续扩大，数据中心企业的参与度有望进一步提升，共同推动算力产业的绿色用能发展。2017 年 1 月国家发展改革委、财政部、国家能源局三部门联合印发了《关于试行可再生能源绿色电力证书核发及自愿认购交易制度的通知》（发改能源〔2017〕132 号），标志着中国绿证制度正式试行。该通知规定："绿色电力证书是国家对发电企业每兆瓦时非水可再生能源上网电量颁发的具有独特标识代码的电子证书，是非水可再生能源发电量的确认和属性证明以及消费绿色电力的唯一凭证。从即日起，将依托可再生能源发电项目信息管理系统，试行为陆上风电、光伏发电企业（不含分布式光伏发电，以下同）所生产的可再生能源发电量发放绿色电力证书。""风电、光伏发电企业通过可再生能源发电项目信息管理系统，依据项目核准（备案）文件、电费结算单、电费结算发票和电费结算银行转账证明等证明材料申请绿色电力证书，国家可再生能源信息管理中心按月核定和核发绿色电力证书。"按照《绿色电力证书自愿认购交易实施细则（试行）》的规定，国家可再生能源信息管理中心按照国家相关管理规定，依据可再生能源上网电量，通过国家能源局可再生能源发电项目信息管理平台，向符合资格的可再生能源发电企业颁发的具有唯一代码标识的电子凭证，即绿证。绿证采取自愿认购交易规则，购买绿证可以视同购买其对应电力的可再生能源属性，但不可以进行二次交易。

2023 年 7 月 25 日《国家发展改革委 财政部 国家能源局关于做好可再生能源绿色电力证书全覆盖工作促进可再生能源电力消费的通知》（发改能源〔2023〕1044 号）印发，明确绿证是我国可再生能源电量环境属性的唯一证明，是认定可再生能源电力生产、消费的唯一凭证，我国可再生能源电量原则上只能申领核发国内绿证。《关于试行可再生能源绿色电力证书核发及自愿认购交易制度的通知》

---

① 《关于近期绿证政策的解读、思考与建议》，https://news.bjx.com.cn/html/20230314/1294576.shtml，2024-11-09。

即行废止。2024 年 7 月，国家发展改革委、国家能源局印发《电力中长期交易基本规则——绿色电力交易专章》，在国家层面建立起统一的绿色电力交易规则，推动绿色电力交易融入电力中长期交易，按照"省内为主、跨省区为辅"的原则，推动绿色电力交易有序开展。2025 年 3 月，国际绿色电力消费倡议组织（RE100）对技术标准 5.0 版做出调整，明确无条件认可中国绿证，这是中国在绿色电力领域取得的重大成就，是中国绿证国际接轨的重要里程碑，为中国绿证市场带来了新的发展机遇，也为全球可再生能源转型注入了新的动力。

数据中心是支撑新质生产力发展的重要基础设施，也是当前我国能源消耗增速较快的领域之一。绿证方式可以使数据中心摆脱限制其直接采购可再生能源的各种因素，实现扩大应用可再生能源的目标。2024 年 7 月国家发展改革委等部门印发《数据中心绿色低碳发展专项行动计划》，鼓励数据中心通过参与绿电绿证交易等方式提高可再生能源利用率。鼓励有关地区探索开展数据中心绿电直供。到 2025 年底，算力电力双向协同机制初步形成，国家枢纽节点新建数据中心绿电占比超过 80%。2025 年 3 月，《国家发展改革委等部门关于促进可再生能源绿色电力证书市场高质量发展的意见》（发改能源〔2025〕262 号）进一步明确绿证强制消费要求：国家枢纽节点新建数据中心绿色电力消费比例在 80% 基础上进一步提升。

根据国家能源局于 2025 年 3 月颁布的《中国绿色电力证书发展报告（2024）》，截至 2024 年 12 月底，全国累计核发绿证 49.55 亿个，同比增长 21.45 倍，其中可交易绿证 33.79 亿个。在政策支持和市场机制双重驱动下，2024 年全国绿证交易 4.46 亿个，其中绿证单独交易 2.77 亿个、绿色电力交易绿证 1.69 亿个。受数据中心绿色低碳发展等相关政策影响，信息传输、软件和信息技术服务业绿证购买量增速较快，逐步成为购买绿证的重要力量。

（4）从电网中默认获得的可再生电力：可分为需要绿证能源属性证书系统（energy attribute certificate system，EACS）支持和电网高比例为绿电且未被锁定这两种可再生电力。"从电网中默认获得的可再生电力"这一概念可以根据电网的特点和消费者对可再生能源的证明需求来进行区分。以下是两种情况的对比：①从电网中默认获得的可再生电力（电网高比例为绿电且未被锁定）。"电网高比例为绿电"代表着电网中的电力主要来自可再生能源，如风能、太阳能等，占比较高。"未被锁定"代表可再生能源产生的电力没有被特定消费者预先独占，而是混合在电网中，供所有消费者使用。主要区别在于，在无正式认证情况下虽然消费者可能使用的是高比例的绿电，但他们没有通过购买绿证或其他正式认证方式来证明这一点。②从电网中默认获得的可再生电力需要绿证 EACS 支持。有绿证 EACS 支持意味着消费者从电网中接收到的虽然是混合来源的电力，但他们希望通过购买绿证来证明自己消费了一定比例的可再生电力。消费者可能需要正式证明他们的电力消费是可持续的，用于合规、报告或市场营销目的。通过购买绿证，消费者可以证明他们对可再生电力的支持，即使他们实际上使用的是电网中的混合来源电力。

# 参 考 文 献

工业和信息化部. 2024. 专家解读之二: 标准引领数据中心绿色发展提质增速[EB/OL]. https://wap. miit.gov.cn/jgsj/jns/nyjy/art/2024/art_9b3c0a835a02433ea3cbea6846104a74.html[2024-12-11].

腾讯. 2022. 腾讯碳中和目标及行动路线报告[EB/OL]. https://www.tencent.com/zh-cn/esg/carbon-neutrality.html[2024-12-11].

腾讯. 2024. 光伏发电: 腾讯数据中心更 "绿" 了[EB/OL]. https://www.tencent.net.cn/running-on-sunshine-how-tencent-is-powering-data-centers-sustainably[2024-11-09].

中华人民共和国生态环境部. 2024. 全国碳市场发展报告(2024)[EB/OL]. https://www.mee.gov. cn/ywdt/xwfb/202407/W020240722528848347594.pdf[2024-12-11].

Han J, Han K, Han T, et al. 2025. Data-driven distributionally robust optimization of low-carbon data center energy systems considering multi-task response and renewable energy uncertainty[J]. Journal of Building Engineering, 102: 111937.

Liu Z, Deng Z, Davis S J, et al. 2024. Global carbon emissions in 2023[J]. Nature Reviews Earth & Environment, 5(4): 253-254.

University of Exeter and Stanford Doerr School of Sustainability. 2023. Global carbon emissions from fossil fuels reached record high in 2023[EB/OL]. https://sustainability.stanford.edu/ news/global-carbon-emissions-fossil-fuels-reached-record-high-2023[2024-11-09].

# 第5章　新型能源系统的发展与挑战

## 导　　读

（1）随着高比例新能源的接入和渗透，以新能源为主体的新型电力系统需要大量的灵活性资源，以保证电网的稳定调度。

（2）火电灵活性资源、各类储能灵活性资源和需求侧灵活性资源是新型电力系统中最主要的三类灵活性调节资源。

（3）从中国现有的终端用能比例来看，中国的电气化率占比仅有 26% 左右，终端蒸汽、供热的用热占比超过了 70%，高效用热、清洁用热已成为建筑供热和工艺热负荷的必然趋势。

（4）数据中心中低温余热，与工业余热、太阳能、地热能等中低温热能的高效利用将成为实现中国热能清洁化的重要途径。

## 5.1　电能的清洁化

2023 年，中国《政府工作报告》提出："统筹能源安全稳定供应和绿色低碳发展，科学有序推进碳达峰碳中和。优化能源结构，实现超低排放的煤电机组超过 10.5 亿千瓦，可再生能源装机规模由 6.5 亿千瓦增至 12 亿千瓦以上，清洁能源消费占比由 20.8% 上升到 25% 以上。"因此，按照实现"双碳"目标的要求发展下去，中国的能源结构将实现根本转变，化石燃料在能源消费中的占比将逐年下降，而清洁能源的消费比例将逐年上升。在能源消费端，中国将实现"两个替代"，即"清洁替代""电能替代"。到 2060 年，中国非化石能源消费占比将由 2020 年的 16% 左右提升到 80% 以上；在能源供给端，中国通过大力发展光电、风电、水电、核电、氢能、页岩气等清洁能源，实现能源领域深度脱碳和本质安全。

具体地，风电、光电的加入使能源系统突出了供应侧可再生能源的不确定性和多异质能流的非线性耦合，以及能源资源与分散、多样、个性的负荷需求的时空不匹配特性。以数字化为代表的科技革命和产业革命也正加速及赋能人类文明演化的进程，"互联网+智慧能源"（能源互联网）逐渐实现技术与产业的融合，构建以新能源为主体的新型电力系统也成为能源系统工作的关键事宜。截至 2022 年底，可再生能源装机突破 12 亿 kW，占中国发电总装机的 47.3%。2022 年中国风电、光伏发电量突破 1 万亿 kW·h，达到 1.19 万亿 kW·h，占全社会用电量的 13.8%，接近中国城乡居民生活用电量，可再生能源在保障国家能源供应安全和稳定性方面的作用正日益增强，其在能源结构中的比重和影响力持续提升。同时，2022 年 1 月 29 日，国家发展改革委、国家能源局联合印发《"十四五"现代能源体系规划》，提出"到 2025 年，非化石能源消费比重提高到 20%左右，非化石能源发电量比重达到 39%左右，电气化水平持续提升，电能占终端用能比重达到 30%左右"的规划目标。

### 5.1.1　新型电力系统：内涵

新型电力系统的基本概念是以安全为基本前提、以满足经济社会发展电力需求为首要目标、以坚强智能电网为枢纽平台、以源网荷储互动与多能互补为支撑的电力系统。新型电力系统的主要特征包括清洁低碳、安全可控、灵活高效、智能友好和开放互动。其五项核心指标为非化石能源在一次能源消费中的比重、非化石能源发电量在发电量中的比重、电能在终端能源消费中的比重、系统总体能源利用效率和能源电力系统碳排放总量。

现阶段，新型电力系统的主要发展趋势是实现新能源高比例接入，加快信息技术与能量供给的深度融合，电力传输更加高效且富有韧性。依托新型电力系统建设，整合各类型能源资源，到碳中和阶段，新型电力系统将逐渐发展为更加柔性、更加开放、高度智能的能源互联网系统。新型电力系统的发展趋势主要包括以下几个方面：可再生能源的普及和增长，分布式能源和微电网的兴起，高效能源转换和储存技术、智能电力网络和数字化技术的应用，以及电动化交通的发展。总体而言，新型电力系统的未来大致发展方向是可持续化、分布化、高效和智能化的。这将促进可再生能源的应用，推动分布式能源和微电网的兴起，加强能源转换和储存技术的研发，应用智能电力网络和数字化技术，以及支持电动交通的发展。这些趋势将为建立更加可靠、环保和经济高效的电力系统奠定基础。

### 5.1.2　新型电力系统：现状

在全球化的背景下，环境保护意识的不断增强与能源安全的战略需求共同推动了新能源技术的广泛应用与发展。新能源技术的演进与普及，预示着一个以清洁能源为主导的、可持续能源体系的构建，这对于实现环境可持续性与经济发展的双重目标具有重要意义。全球太阳能产业受到越来越多的关注，特别是在中国，上海世博会等大型活动展示了太阳能技术在现代城市基础设施中的应用潜力，体现了中国在推动清洁能源技术应用与创新方面的坚定决心与显著成就。日本、德国和美国等国家在推动光伏发电系统方面表现突出，计划到 2030 年安装超过 200 GW 的光伏发电装置，中国也计划到 2030 年实现非化石能源占一次能源消费比重达到 25% 左右的目标。

近年来，中国的新能源发展尤为迅猛，2017—2021 年的风电、光伏发电年增长率分别为 17.3%、32.1%。2021 年，全国新能源发电装机容量约占全国电源总容量的 26.6%，其中风电装机容量为 $3.28×10^8$ kW，光伏发电为 $3.06×10^8$ kW；全国新能源发电量为 $9.785×10^{11}$ kW·h，约占总发电量的 11.7%，其中风力发电量为 $6.526×10^{11}$ kW·h，光伏发电量为 $3.259×10^{11}$ kW·h；青海、内蒙古、河北等 12 个省（自治区）的新能源装机占比超过 30%，国网青海省电力公司、国网内蒙古东部电力有限公司、国网宁夏电力有限公司等 5 个省级电网的新能源发电量占比超过 20%；新能源继续保持高利用率水平，风电平均利用率为 96.9%，光伏发电平均利用率为 98%。整体来看，新能源已成为中国的主力电源，部分地区形成了高比例新能源并网格局。

图 5-1 的能源消费趋势预测数据显示，煤炭在中国能源消费结构中仍占主导地位，煤电是电力的主要来源。煤炭消费短期内稳中有降，未来重点发挥能源安全"兜底保障"作用。煤炭消费将在 2025 年前后实现达峰，2020—2035 年煤炭占一次能源消费比重从 56.8% 降至 37.8%，该阶段应重点推进煤炭清洁高效利用。预计 2051—2060 年，煤炭消费占比降至 10% 以下。

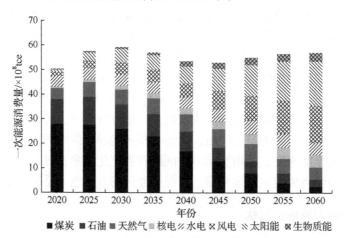

图 5-1　积极情景下能源消费趋势预测
2020 年数据为实际数据

以非化石能源为核心，大力发展绿电、绿氢是实现电力系统绿色低碳能源转型的关键。要在保证实现经济发展、能源安全和"双碳"目标的前提下，加快构建以非化石能源为主体的新型电力系统，以非化石能源制氢为依托完善氢能产业体系。2030 年非化石能源消费量将达到 $16.1×10^8$ tce，占能源消费总量的 26.9%，其中核电、水电、风能、太阳能和生物质能占比分别达到 12%、29%、30%、26%

和 3%；预计 2060 年非化石能源消费量达到 $46.4 \times 10^8$ tce，占能源消费总量的
80.1%，其中核电、水电、风能、太阳能和生物质能在非化石能源消费中的占比
分别达到 12%、12%、31%、38% 和 7%，风能和太阳能成为非化石能源消费，甚
至是能源消费的主体。

### 5.1.3　新型电力系统：挑战

构建以新能源为主体的新型电力系统是实现中国"双碳"目标的关键路径。
然而，风电、光电的加入突出了能源系统供应侧可再生能源的不确定性，多元异
质能流的非线性耦合，以及能源资源与分散、多样、个性的负荷需求的时空不匹
配特性。近年来，以风光为主体的新型电力系统呈现出电力电量平衡概率化、系
统电力运行电子化以及系统灵活性资源稀缺化的特征及趋势，电力系统面临运行
成本和安全性等方面的挑战。同时，值得注意的是，由于中国风、光资源与负荷
需求的逆向分布特征，风、光能源或将面临日益突出的季节消纳和日间消纳矛盾。
预计到 2030 年，中国风、光等新能源装机将达到 1500 GW，进而，风、光的"大
发"（最大发电状态）和"小发"（低发电状态）都会引起电力系统与经济供应
之间极其严重的矛盾。

另外，风、光可再生能源并网会造成电网调峰和辅助服务费用的剧增，不利
于电网安全和经济运行，火电机组承担电网深度调峰任务已成为必然趋势。进而，
在煤电、气电等稳定基础电力系统为托底支撑的背景下，许多研究与示范工程聚
焦于碳捕集与封存（carbon capture and storage，CCS）技术实现碳中和目标的技
术可行性与经济性，以储能、储氢为代表的源网荷多元多场景储能方式对风光能
源的支撑作用，以及"源网荷互动"模式进行了系列研究。新能源电力占比的不
断提高引发的诸多安全、稳定运行问题可总结为以下几方面。

（1）电网结构形态复杂，电力系统电压、频率稳定问题凸显：随着能源电力
绿色低碳转型的深入推进，新能源发电装机大幅增长，电力电子设备高比例接入，
特别是新能源电力电子设备大量替代常规旋转同步电源，导致系统转动惯量大幅
度减小，故障形态及连锁反应路径更加复杂，故障特性难以预测，电力供需失衡
引发频率、电压等稳定问题的风险增大，现有调度体系、安全管控模式难以匹配。

（2）新能源装机分布不均衡，与负荷呈逆向分布，东西部荷不平衡增加了
电力运行成本：中国新能源装机布局长期不均衡，与电力负荷呈逆向分布。比如，
"三北"（东北、华北、西北）地区的负荷仅占全国总负荷的 36%，却集中了全
国 75% 的新能源装机。造成弃风弃光的主要原因，正是当地电力负荷不足，而非
风、光的波动性、随机性，简而言之就是"不需要"。

（3）电网对大规模新能源的消纳能力不足："消纳"已成为电力转型发展
的主要瓶颈。2017 年，全国弃风弃光电量分别达 419 亿 kW·h、73 亿 kW·h，

弃风弃光率分别为 12% 和 6%，甘肃、新疆地区的弃风比例甚至分别高达 33% 和 29%。"我国新能源建设在布局和规划层面就存在约束。按照'黑河—腾冲'这条胡焕庸线划分，东部、东南部几乎没有弃风弃光，90% 以上问题都集中在线的另一侧。"①

（4）终端消费电气化水平和能效有待提高：随着中国电能利用技术的不断进步，更多终端消费向电力消费转移。统计数据显示，2023 年，中国电能占终端能源消费比重达 28%，相比十年前增加了 6.7 个百分点。电力消费结构也在持续优化，2023 年 1 月至 9 月，高技术及装备制造业用电量同比增长 11.3%，超过制造业整体用电增长水平。中国新兴产业用电量增长强劲，终端消费电气化水平仍有较大提升空间。

## 5.2　新型电力系统：灵活性资源

构建以新能源为主体的新型电力系统是实现"双碳"目标的重要举措。风能、光能等新能源在新型电力系统中占比显著提升后，系统对调节能力的需求大幅增加，电源不仅需要适应新能源带来的负荷随机性变化，还需要平衡新能源的出力波动。一旦新能源出力跳脱系统调节范畴，就必须运用灵活性调节资源辅助控制系统的动态平衡。新型电力系统中的灵活性调节资源可从电源侧、电网侧、用户侧、储能侧等多方调度，其形式呈现为多样互补。多种灵活性调节资源多元组合、扬长避短并相互补充，实现了系统灵活性提升和系统稳定、运行成本增加的平衡。

国际能源署等部门将不同可再生能源渗透率情况下对灵活性资源的需求分为六个阶段，其 2023 年发布的《管理可再生能源的季节性和年际波动》中的数据表明，2021 年度中国可变可再生能源（variable renewables，VRE）发电量占比为 11%—13%，至 2022 年底中国 VRE 发电量占比达到 13.93%，截至 2023 年底，灵活调节电源占比仅为 17.4%。中国对灵活性调节资源的需求已然进入第三阶段，即供需平衡难度加大，需要系统性地提高电力系统灵活性。国家发展改革委、国家能源局印发的《"十四五"现代能源体系规划》明确提出，到 2025 年，灵活调节电源占比达到 24% 左右，即灵活性调节资源需求进入第四阶段。如此看来，当前中国数据统计结果较 2025 年政策目标还存在较大差距。

中国能源电力基本情况及灵活性调节资源规模预测如表 5-1 所示，假定中国未来 VRE 占比的三种情况为 20%（灵活性调节资源需求仍处于第三阶段）、24%（灵活性调节资源需求即将进入第四阶段，即在某些时段，VRE 发电量足以提供

---

① 《刘吉臻院士：波动性、随机性不是弃风弃光主因》，https://wind.in-en.com/html/wind-2318409.shtml，2018-09-26。

大部分电力需求,达到国家 2025 年的政策目标)和 30%(灵活性调节资源需求已进入第四阶段),那么 2030 年、2040 年、2050 年及 2060 年三种 VRE 占比情况下的灵活性调节资源规模须分别达到 8.27 亿—12.41 亿 kW、11.24 亿—16.86 亿 kW、12.96 亿—19.44 亿 kW 及 13.26 亿—19.89 亿 kW。2030—2040 年,仅对照"24%灵活性调节资源"目标,灵活性调节资源还存在 1.56 亿—2.02 亿 kW 的缺口。

表 5-1 中国能源电力基本情况及灵活性调节资源规模预测

| 项目 | | 2023 年 | 2030 年 | 2040 年 | 2050 年 | 2060 年 |
|---|---|---|---|---|---|---|
| 能源发展目标 | 非化石能源消费比重 | 18.30% | 25% | 40% | 60% | 80% |
| | 电能占终端能源消费比重 | 28% | 36%—40% | 44%—51% | 48%—53% | 53%—56% |
| 经济社会能源需求 | 全社会用电量/万亿 kW·h | 9.22 | 11.02 | 14.81 | 17.19 | 17.19 |
| | 能源消费总量/亿 tce | 57.2 | 50—60 | 54—59 | 50—58 | 46—58 |
| | 装机规模/亿 kW | 2920 | 41.37 | 56.20 | 64.80 | 66.30 |
| | 其中:火电 | 13.90 | 17.80 | 16.60 | 9 | 6 |
| | 水电 | 4.22 | 5.40 | 6.90 | 8.40 | 8.40 |
| | 风电 | 4.41 | 7.20 | 14 | 22 | 22 |
| | 光伏 | 6.10 | 10.37 | 16.70 | 21.50 | 26 |
| | 核电 | 0.57 | 0.60 | 2 | 3.90 | 3.90 |
| 灵活性调节资源需求/亿 kW | 20%灵活性调节资源 | 5.84 | 8.27 | 11.24 | 12.96 | 13.26 |
| | 24%灵活性调节资源 | 7.01 | 9.93 | 13.49 | 15.55 | 15.91 |
| | 30%灵活性调节资源 | 8.76 | 12.41 | 16.86 | 19.44 | 19.89 |

　　火电灵活性资源、各类储能灵活性资源和需求侧灵活性资源是新型电力系统中最主要的三类灵活性调节资源。如图 5-2 所示,截至 2023 年底,以煤电灵活性改造和气电为主的火电灵活性资源为 4.25 亿 kW;以抽水蓄能、新型储能装置储能为主的储能灵活性资源和用户端需求侧灵活性中的储能资源总计超过 0.82 亿 kW;需求侧灵活性资源为 0.58 亿 kW,其展现出的调节潜力巨大。仅以需求侧灵活性资源的用户侧储能为例,对高能耗行业应用需求侧储能潜在市场规模进行分析,以充放电时长为 2 h 统计,中国该类行业储能潜在市场规模达 9.48 亿 kW·h。

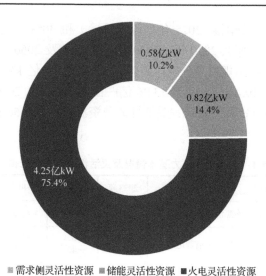

■需求侧灵活性资源 ■储能灵活性资源 ■火电灵活性资源

图 5-2　各类灵活性资源占比

各类灵活性资源占比的微小误差（0.1%—0.2%）主要由数据修约所致

### 5.2.1　火电侧灵活性资源

中国电力企业联合会发布的报告《煤电机组灵活性运行与延寿运行研究》指出，基于中国现有技术条件和能源资源储藏情况，煤电是当前最经济可靠且可大规模深度调峰的大型可调灵活电源。中国目前正处于火电机组灵活性改造和标准化建设的关键时期，煤电正由传统主体电源，逐步转变为向电力系统提供可靠容量、调峰调频等辅助服务的基础性、调节性电源。针对风、光等新能源所具有的间歇性、随机性以及波动性的特点，燃煤火电机组的灵活性调节具备以下能力：跟随新能源大幅波动并可应对突发事件对电网冲击的快速变负荷能力；保障国家能源安全，应对短时极端条件的快速关启能力；可在低负荷下安全稳定运行，并保障新型电力系统新能源利用率的深度调峰能力；在超负荷或新能源供电不足条件下保障系统稳定运行的顶负荷能力。

2021 年非化石能源发电装机首次超过煤电，装机容量达到 11.2 亿 kW，占发电总装机容量的比重为 47%。近年来，国家发展改革委、国家能源局等多部门发布了如《关于开展全国煤电机组改造升级的通知》《"十四五"现代能源体系规划》等红头文件，多次强调了要推动煤电机组能效和灵活性调节能力的提升，加快煤电机组的灵活性改造进程。燃煤灵活性仍面临四个重大挑战：长期深度调峰、负荷变化速率等灵活性指标难以再突破；热力系统局限性导致灵活性安全无法保证；热力系统能效利用及机组运行的热经济性指标大幅下降；灵活性下系统清洁化水平降低。近年，国内各大发电公司通过辅助稳燃、汽轮机高背压改造、热电解耦、智能优化控制算法等方法实现了火电在超低负荷下的灵活性调节；清华大学创新了粉煤循环流化床燃烧技术,同时实现了变负荷速率提升和污染物减排(吕俊复等,2023)。在未来,由新能源占主导地位的新型电力系统中,以煤电主导的火电机组仍将发挥出"托底保供"的重要作用。

### 5.2.2　储能侧灵活性资源

新型电力系统中的储能是通过介质或设备将电力存储起来,当用户端需要时再释放出来的过程。不同时间尺度与规模的储能灵活性资源支撑了高比例新能源接入系统和外送消纳,可解决电力公司和用户之间电力供需时间不匹配的问题。国家能源局发布的《新型电力系统发展蓝皮书》提出:"积极推动多时间尺度储能规模化应用、多种类型储能协同运行,缓解新能源发电特性与负荷特性不匹配导致的短时、长时平衡调节压力,提升系统调节能力,支撑电力系统实现动态平衡。"随着储能技术的不断深入发展,以下几种储能技术均在新型电力系统中作为灵活性调节资源广泛应用。

#### 1. 抽水蓄能

抽水蓄能是目前全世界应用范围最广、最为成熟的储电方案。抽水蓄能的基本储能原理是重力势能和电能的相互转换,主要由两座海拔高度不同的水库、水泵、水轮机以及配套的输水系统等组成。在新型电力系统中,当电力需求较少时,可利用盈余的电能将水由低海拔水库转移至高海拔水库中。当电力系统电力短缺时,高海拔水库的水将重新释放,利用势能推动水轮机发电,实现势能、电能的相互转化。截至 2020 年底,全球已投运储能项目累计装机规模 191.1 GW,其中,抽水蓄能的累计装机规模达到 172.5 GW。《新型电力系统发展蓝皮书》指出,中国 2030 年抽水蓄能装机规模达到 1.2 亿 kW 以上。应推动抽水蓄能的多元化发展,创新抽水蓄能发展模式与场景应用,因地制宜进行中小型抽水蓄能电站建设,探索推进水电梯级融合改造,统筹新能源资源条件与抽水蓄能建设周期,持续推动新能源与抽水蓄能一体化发展。

#### 2. 电化学储能

电化学储能是解决可再生能源高比例消纳的重要手段,利用可多次充放电、反复使用的蓄电池作为储电装置,实现盈余电力和电池化学能间的相互转换。百度云计算(阳泉)中心项目使用分布式锂电池备电系统替代传统的铅酸电池备电系统,服务器机柜上线后,供电效率高达 99.5%,节省机房面积超过 25%,节约电量约 400(MW·h)/a(潘新慧等,2023)。江苏昆山储能电站是世界单体容量最大的电网侧电化学储能电站,有效摆脱了负荷峰谷差连年加大的局面,减轻了本地新能源规模化并网对电网安全运维造成的冲击。华为 SmartDC 低碳绿色数据中心解决方案表明，华为室外电力模块融合超高密不间断电源（uninterruptible power supply）和高安全的锂电，实现占地面积减小和降碳减排的兼顾。

3. 飞轮储能

飞轮储能是一种分秒级、大功率、长寿命、快响应、无污染的功率型储能技术，主要利用飞轮的旋转惯性存储电能，实现盈余电力与飞轮机械能间的相互转换。近年，中国飞轮储能发展迅速，如山西太忻古交片区 800 MW/800 MW·h "磷酸铁锂+飞轮储能" 电站、内蒙古呼和浩特 200 MW/800 MW·h "全钒液流储能+飞轮储能" 共享电站、山西坎德拉 100 MW/3.5 MW·h 飞轮独立储能电站。建成后均将成为辅助新型电力系统调峰、调频的灵活性调节资源，加速电网消纳更多新能源（李佳玉等，2024）。

4. 压缩空气储能

压缩空气储能是一种利用新型电力系统中弃风、弃光或低谷电压缩空气存储在储气装置中，在负荷高峰释放高压空气推动透平做工发电的储能技术，分为补燃式和非补燃式两类。其中，非补燃式压缩空气储能系统可通过采用回热技术，将储能时压缩过程中产生的压缩热收集并存储，待系统释能时用以加热进入透平的高压空气，从而摒弃了燃料补燃。目前，国内外已有多个压缩空气储能电站投入使用，如德国 Huntorf 电站，其通过盐穴储气，最大输出功率可达 321 MW；美国 McIntosh 电站也是盐穴储气电站，发电功率可达 110 MW；我国科研团队在安徽芜湖建成了世界首套 500 kW 非补燃压缩空气储能发电示范系统动态模拟系统 TICC-500（technology-integrated control and communication system-500，技术集成化控制与通信系统-500），成功实现了百千瓦级的储能和发电。

5. 氢储能

氢储能在新型电力系统的安全低碳建设中发挥了至关重要的作用。2022 年 3 月印发的《氢能产业发展中长期规划（2021—2035 年）》，提出了氢能的战略定位，即氢能是未来国家能源体系的重要组成部分。可再生能源制氢是重要途径之一。氢储能的快速响应能力可有效对风力、太阳能等新能源发电导致的不稳定电力进行平抑，因此可实现风光氢储友好并网。同时，所产生的氢气可以衍生开发，用于合成氨或者甲醇，便于进一步开发利用，可让化工行业实现碳减排。国内也有少量氢储能项目已正式运行或试运行，如安徽六安兆瓦级氢能综合利用示范站是国内首座兆瓦级氢储能电站，利用 1 MW 质子交换膜电解制氢和余热利用技术，实现电解制氢、储氢、售氢、氢能发电等功能（蒋东方等，2020）。

### 5.2.3　需求侧灵活性资源

国家统计局发布的《中国能源统计年鉴 2023》显示，2022 年中国全社会能源消费总量达 540 956 万 tce，电力消费总量达 8.83 万亿 kW·h，总量已然十分庞大。在当今新能源大规模接入电网的背景下，仅依靠新增电源、储能侧调节资源，显然已不能满足中国的电力供需平衡和新能源消纳。

需求侧资源是指可由终端用户自行控制，且可被合理调度的用电、用热、用冷等终端用能设备。建设新型电力系统要引导自备电厂、传统高载能工业负荷、工商业可中断负荷、电动汽车充电网络、虚拟电厂等参与系统调节。2023 年国家发展改革委等部门印发的《电力需求侧管理办法（2023 年版）》中明确指出："鼓励推广新型储能、分布式电源、电动汽车、空调负荷等主体参与需求响应……到2030 年，形成规模化的实时需求响应能力，结合辅助服务市场、电能量市场交易可实现电网区域内需求侧资源共享互济。"需求侧的解决方案更加经济合理，选择更加多元化，是推动电力系统从"源随荷动"向"源荷互动"转变的关键所在。因此，充分发挥需求侧资源在新型电力系统中的调节作用十分迫切和必要。

#### 1. 重要作用

电力供需层面上，需求侧灵活性资源可极大程度应对第三产业和居民用电占比增加等因素导致的短时负荷尖峰频现问题，发挥了电力削峰填谷的作用，有力保障了新型电力系统的电力供需平衡关系；新能源消纳层面上，需求侧灵活性资源可弥补 VRE 并网对电力系统供电产生的随机性、间歇性和波动性影响，以较低成本实现系统调节能力提升和新能源消纳的兼顾；运行成本层面上，可减少对电源侧和电网侧的建设需求，延长电力设备的寿命周期，实现电力系统运维成本的降低；社会能效层面上，电力用户可充分发掘自身的节能潜力，通过工艺优化及负荷转移、调控等手段降低自身能耗水平。

#### 2. 调节方式

目前，在新型电力系统中，需求侧灵活性资源参与调节的方式主要有两种。一是需求响应，通过价格信号引导电力用户主动参与调节需求侧资源，在非高峰时段主动降低负荷，或在高峰时段主动提升负荷，响应新型电力系统的需求，在实现削峰填谷目的的同时，实现源侧荷侧深度互动、共同发展（王为帅等，2024）。二是利用峰谷电价差引导电力用户合理有序地用电，使闲置的用户侧储能、工商业可中断负荷、电动汽车等负荷以分时电价等形式参与电网的削峰填谷和新能源消纳（王为帅等，2024）。

作为新型电力系统调节的核心主体，虚拟电厂的需求侧资源主要由大用户直接接入或通过负荷聚合商整合形成。针对不同时间尺度下的用电需求，电网调度机构可以对需求侧资源参与主体采取不同的调控手段。例如，调用直控虚拟电厂，当出现电力供应不足的情况时，电网企业可提前一周中断负荷交易，并根据日前评估后的电力缺口量，对需求响应用户进行邀约。若出现无法覆盖电力供应缺口的情况，电网企业则按照剩余电力的缺口量组织用电主体进行有序用电。实现需求侧资源数字化转型、标准化建设，以多业态布局拓展发展空间，建设基于能源互联网的电网能量管理系统，完善相应政策与奖励机制，也将成为需求侧资源参与新型电力系统调节新路径（杨军伟等，2021；卢兆军等，2021）。

### 3. 关键技术

需求侧灵活性资源相关的关键技术包括但不限于：①资源聚合技术。重点解决需求侧资源参与系统调节的规模化问题，具体包括负荷聚类分析、可调潜力评估、共享储能、虚拟电厂等技术，实现将大量、多元、分散的灵活性资源聚合参与系统调节。②自动控制技术。重点解决资源参与系统调节的时效性问题，具体包括工业可调负荷、空调负荷、电动汽车、用户侧储能以及虚拟电厂的自动协调控制技术，确保需求侧资源及时参与系统调节。③智能决策技术。重点解决需求侧资源参与系统调节的决策困难问题，考量响应主体的能耗属性、运行状态及外界参数，借助尖端智能算法，我们能够对资源的规模容量、调节时间及调节策略进行精确优化，从而显著提升用户的参与度和体验质量。

### 4. 行业潜力

国家统计局发布的《中国能源统计年鉴2023》显示，2022年中国全社会电力消费总量达8.64万亿 kW·h，与2021年相比，增长了3.6%。针对各行业需求侧灵活性资源参与新型电力系统的调节潜力，我们按产业类型进行分析。

以农林渔牧为主的第一产业的2022年用电量仅为约0.18万亿 kW·h，约占总量的2%。第一产业的用电用户大多为分散的农户。该类行业受季节、时空以及个人因素的影响较大，且用电量小，大多农户参与用电需求侧响应的意愿不强烈。因此，第一产业需求侧可参与系统调节的电力容量十分有限。

第二产业包括纺织业、造纸和纸制品业、化学品制造业、橡胶和塑料制品业、非金属矿物制品业、电气机械和器材制造业、通用设备制造、计算机、通信和其他电子设备制造业、建筑业等高能耗工业，2022年总用电量约5.7万亿 kW·h，约占总量的66%（王为帅等，2024）。传统高能耗工业如纺织业、建筑业等，具有用电规模巨大，且对分时电价十分敏感的特性；计算机、通信等新型高能耗工业则具有一定的负荷中断或者转移能力，且具有生产加工程序多、自动化程度高、企业管理水平提升空间大的特性（王为帅等，2024），如电解铝、化工、钢铁等高能耗产业的负荷侧储能空间均达到了90 GW·h的储能水平，第二产业参与负荷调整的空间潜力十足。可见第二产业参与电力系统调节的潜力巨大。

第三产业涵盖了商业、服务业以及金属制品业、修理业等不在第一、二产业内的行业，2022 年总用电量约 1.5 万亿 kW·h，约占总量的 17%。第三产业结构中的系统调节潜力空间主要集中于空调暖通、照明系统、用户储能和大数据中心等柔性负荷，大型商场、公司、学校、数据中心等场所均可以作为参与调节的主体（王为帅等，2024）。以数据中心的需求侧灵活性资源为例，国家发展改革委等部门印发的《数据中心绿色低碳发展专项行动计划》中明确指出："在具备稳定支撑电源和灵活调节能力的基础上，引导新建数据中心与可再生能源发电等协同布局，提升用电负荷调节匹配能力。""强化数据中心负荷调节能力建设，鼓励有条件的数据中心参与电力需求侧管理。"在政策和技术快速发展的推动下，储能与数据中心通过微电网、新型电力系统等形式进行深度融合，如"全国一体化算力网络"和林格尔数据中心集群绿色能源供给示范项目，风电、光伏装机总容量达 360 MW，配建了 259.2 MW·h 的储能系统，为中国移动、中国电信、中数云科、并行科技等四家数据中心提供绿电直供服务，每年减少二氧化碳排放约 63.5 万 t。截至 2024 年初，中国数据中心负荷侧储能空间已达到惊人的 36.53 GW·h，若全部启动使用，甚至可以让数据中心从负荷侧转变为供电侧，成为电力系统灵活性调节资源的一大助力。

2022 年居民生活用电总量约为 1.34 万亿 kW·h，约占总量的 16%。包括电视机、电冰箱、洗衣机、电热水器及电动汽车等负荷，参与系统调节的主体数量多，基础大，具备大规模参与需求响应的潜力（王为帅等，2024）。在未来需求侧灵活性资源发展进程中，第二、三产业中的行业将作为主力军，充分发挥其近 500 GW·h 的负荷侧储能空间，增强新型电力系统的削峰填谷及新能源消纳能力，系统调节潜力巨大。居民生活负荷侧可参与调节的个体繁多，基数庞大，灵活性调节资源体量也不容小觑，具备大规模参与需求响应的潜力。

## 5.3　新型能源系统：热能的清洁化

热能是分子或原子在某一系统内随机运动产生的能量。当分子或原子的运动加剧时，所产生的内能也随之增多。内能会以热量的形式，通过传导、对流和辐射的形式，实现在系统间的传递，宏观表现即为系统温度的变化。我们对热能的利用形式主要分为直接利用和间接利用。热能既可以直接加热物体，满足建筑供暖、工业冶炼、烧水煮饭等人类生活和生产的需要；也可以间接利用，即将热能转换为机械能，满足火力发电、机械制造、交通运输等人类生产、生活对动力的需求。

### 5.3.1　热能的终端消费占比

由图 5-3 和图 5-4 可知，以电气化率（全国电能占终端能源消费比重）为例，

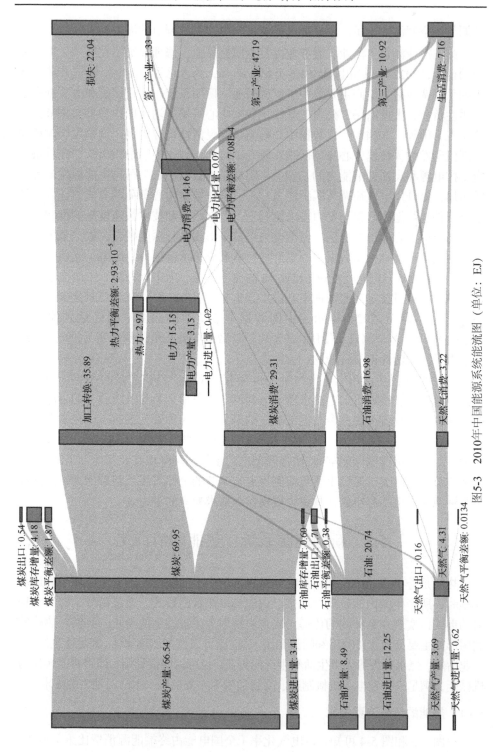

图5-3　2010年中国能源系统能流图（单位：EJ）

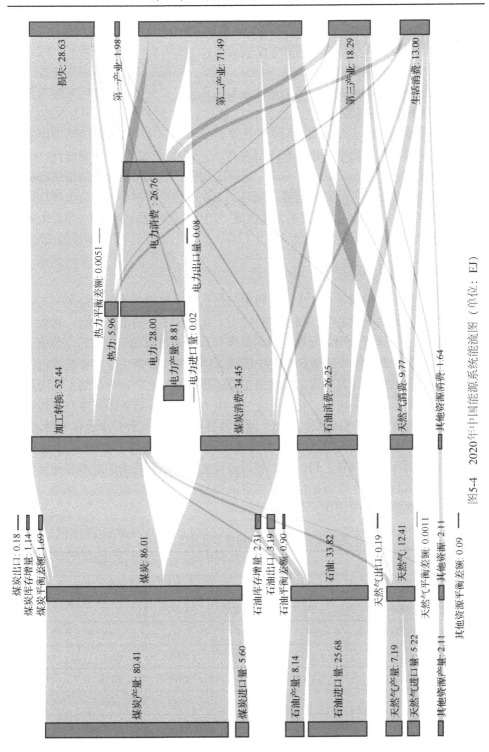

图5-4 2020年中国能源系统能流图（单位：EJ）

2010 年至 2020 年，中国能源系统的电气化率大约从 17.1%提升到 25.1%，电气化率实现较大提升，在全球主要国家中位居前列。终端用能仍以热能为主，2020 年终端热能及能源原料消费占比高达 74.9%。因此，热能的清洁化、电气化替代将是中国能源系统转型的关键，特别是北方乡村采暖、长江中下游地区采暖和各类型工业蒸汽用热的替代。

世界范围内热能占终端能源消费的比重高于 50%，从中国现有的终端用能比例来看，中国的电气化率占比仅有 26%左右（王永真，2024），终端蒸汽、供热的用热占比超过了 70%。随着"双碳"进程的加速，高效用热、清洁用热已成为建筑供热和工艺热负荷的必然趋势。同时，工业用热消费占中国热力消费总量的比重超过 60%，是中国热力消费的主要领域。中国工业消耗的能源有一半以上通过废气和废水的形式转化为余热，然而其中只有大约 30%被重新利用（胡斌等，2023）。

### 5.3.2 工业用热及建筑用热

工业用热主要指用于工业生产过程中的加热、冷却或其他热能需求。工业用热通常涉及大量的热能需求，如在塑料加工、食品加工、造纸、纺织、化学工业等各个行业中。这些应用需要稳定的热量来保证生产过程的顺利进行。如表 5-2 所示（胡斌等，2023），工业部门是中国能源消耗的主要部门，主要能源包括电力、煤炭、天然气等，其中煤炭仍然是主要的热能来源之一。中国的工业用热广泛，涉及诸多行业，如金属、化工、建材、电力等。这些行业因其生产过程的特性，对稳定的热能供应有较高的需求，随着科技的发展，这种需求也在不断增多。热能需求占据相当大的比重，尤其是当温度低于 80℃以及高于 200℃时，这种情况就导致了温度处于两者之间位置时容易浪费能源。随着技术的进步和环保要求的提升，越来越多的企业开始探索更加清洁和高效的热能供应方式，推动工业能效的提升和热能利用的优化。

表 5-2　中国典型不同工艺用热的需求及品位（单位：亿 GJ）

| 序号 | 工业部门 | <80℃ | 80—100℃ | 100—150℃ | 150—200℃ | >200℃ |
|---|---|---|---|---|---|---|
| 1 | 农副食品加工 | 2.579 | 0.997 | 2.407 | 0.309 | 0.585 |
| 2 | 食品制造 | 1.276 | 0.493 | 1.191 | 0.153 | 0.289 |
| 3 | 酒、饮料和精制茶 | 0.802 | 0.310 | 0.748 | 0.096 | 0.182 |
| 4 | 纺织 | 5.877 | 1.369 | 1.972 | 0.000 | 0.000 |
| 5 | 木材加工 | 0.438 | 1.190 | 0.105 | 0.133 | 0.038 |
| 6 | 造纸 | 1.121 | 1.450 | 0.659 | 2.505 | 0.857 |
| 7 | 石油与煤炭 | 6.943 | 2.222 | 3.055 | 2.499 | 40.825 |

续表

| 序号 | 工业部门 | <80℃ | 80—100℃ | 100—150℃ | 150—200℃ | >200℃ |
|------|----------|-------|---------|-----------|-----------|--------|
| 8 | 化工 | 11.355 | 3.634 | 4.996 | 4.088 | 66.770 |
| 9 | 医药制造 | 0.464 | 0.149 | 0.204 | 0.167 | 2.731 |
| 10 | 化学纤维制造 | 0.515 | 0.165 | 0.227 | 0.185 | 3.028 |
| 11 | 橡胶和塑料制造 | 1.038 | 0.332 | 0.457 | 0.374 | 6.101 |
| 12 | 非金属矿物制品 | 3.529 | 0.000 | 7.330 | 0.000 | 43.435 |
| 13 | 黑色金属冶炼 | 8.643 | 1.441 | 3.361 | 1.441 | 81.152 |
| 14 | 有色金属冶炼 | 3.410 | 0.538 | 1.256 | 0.538 | 30.148 |
| 15 | 金属制品 | 5.935 | 0.000 | 0.659 | 0.288 | 1.360 |
| 16 | 通用设备制造 | 3.285 | 0.000 | 0.365 | 0.160 | 0.753 |
| 17 | 专用设备制造 | 1.706 | 0.000 | 0.190 | 0.083 | 0.391 |
| 18 | 汽车制造 | 3.884 | 0.072 | 0.217 | 0.072 | 0.579 |
| 19 | 其他 | 12.869 | 0.617 | 2.204 | 0.441 | 1.498 |
| | 合计 | 75.669 | 14.979 | 31.603 | 13.532 | 280.722 |

　　建筑用热是指在住宅、商业建筑和公共建筑中，通过空调系统或热水系统来调节室内温度和供应热水，以提升居住和工作环境的舒适性及效率的热能供应系统。随着城市化进程的加快和经济的发展，中国建筑用热市场规模不断扩大。住宅、商业建筑及公共建筑对供暖、空调和热水的需求不断增加，成为能源消耗的重要部分。中国总建筑面积增长趋势如图 5-5 所示。截至 2021 年，中国总建筑面积约为 678 亿 m²，其中，城镇住宅面积为 305 亿 m²，农村住宅面积为 226 亿 m²，

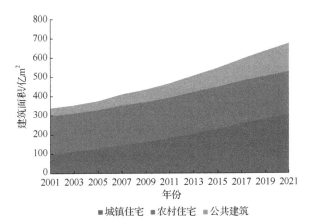

图 5-5　中国总建筑面积增长趋势

公共建筑面积为 147 亿 m²。2021 年中国建筑运行能耗如图 5-6 所示，北方供暖面积可达到 162 亿 m²。中国的建筑运行能耗总量达 12.09 亿 tce。其中，北方供暖和生物质能供暖所用能耗达 3.13 亿 tce，约占总运行能耗的 25.9%。在 2011—2021 年十年间，北方供暖中的一次能耗量保持在 2.0 亿—2.5 亿 tce 的区间内，但能耗强度却一直保持着递减趋势，2021 年仅有约 13.2 kgce/m²。中国的建筑用热需求，主要体现在北方冬季供暖方面，且随天气变化。2021 年，中国北方城镇建筑面积达到 216 亿 m²，对于热力的需求达到 8 亿 kW，约为 54 亿 GJ 的热量（清华大学建筑节能研究中心，2023）。

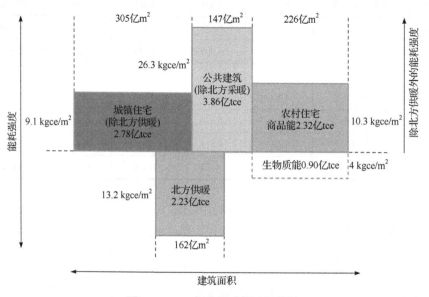

图 5-6　2021 年中国建筑运行能耗

传统上，建筑用热主要依赖于燃煤锅炉和电阻式加热设备，存在许多中低温热被浪费的问题。随着环保意识的提升和政策的支持，清洁能源和高效能源设备的应用逐渐增多，如地源热泵、空气源热泵等。这两种用途的热能需求都存在较为严重的对中低温热能的浪费，都在推动热泵技术的发展和应用，热泵作为一种高效的能源转换技术，能够从环境中获取中低温热能，并将其转换为适合工业和建筑应用的高温热能，从而实现能源的节约和环境的保护。

### 5.3.3　中低温热能高效利用

截至 2022 年，中国供热面积约为 113.56 亿 m²，城市热水供热能力约为 61.87 万 MW，蒸汽供热能力约为 129 118 t/h。从供热总量结构来看，热电厂供热和锅炉房供热是中国供热的主要方式。中国可再生能源等中低品位热能分布广泛。中

国地热能、太阳能、工业余热与海洋热能年可利用㶲量（资源量）分别达到
$1.17 \times 10^{10}$ TJ、$4.90 \times 10^{10}$ TJ、$4.86 \times 10^{6}$ TJ 和 $2.95 \times 10^{9}$ TJ，可中低温能源利用量仅
占中国能源总利用量的 3% 左右。截至 2019 年底，太阳能热水器集热面积累计达
5 亿 $m^2$，浅层和中深层地热能供暖建筑面积超过 11 亿 $m^2$。

　　值得注意的是，数据中心机架消耗的电能在服务存储和计算的同时，几乎都
转换为了热能，且由于数据中心一般规模较大且需要不间断运行，其余热热量具
有相对稳定、产热量大的特点，风冷系统余热温度一般为 25—45℃，随着液冷技
术的发展，液冷系统可在靠近 CPU、GPU 等部位时捕获更高温度的热流，余热温
度通常为 60—75℃。数据中心余热属于低品位热源，但在适配的余热利用技术协
同发展下（如热泵、高效换热等），其供热、制冷的应用潜力同样较大。例如，
仅中国北方现有数据中心可回收余热总量大约为 10 GW，可实现数亿平方米的建
筑供暖及实现二氧化碳减排约 1000 万 t。通过采用中低温能源利用技术，数据中
心可以显著减少电费支出。例如，采用 "绿色数据中心自然冷源高效利用技术"
的数据中心一年可节约近 4600 万元电费。

　　数据中心存在大量的冷却负载需求。到 2022 年，数据中心的装机容量已达到
16.25 GW，共容纳 650 万个标准机架。假设机架利用率为 50%，则这些数据中心
的消费量约占中国居民年光伏发电量的 57.20%（以年运行 1200 h 计算）。如果
利用热泵回收这些直流电的余热（假设 COP① = 4.00），则有可能为约 5.42 亿 $m^2$
的面积供热（考虑到 40.00 W/$m^2$ 的热负荷和蓄热技术），约占中国农村供热面积
的 7.61%。可以预见，随着未来数据中心规模和数量的继续快速增长，这些与电
力消耗和供热相关的费用将逐渐增加。其原理是直流电的运行通常会导致产生大
量的热量，这些热量由于温度不高，属于中低温热源，在传统能源系统中的消散
效率低下。

　　数据中心综合能源系统（integrated energy system，IES）的先进技术和运行模
式使数据中心能够利用 IT 服务器中温度为 20—85℃ 的大量中低品位废热，从而
实现深度整合，充分发挥综合能源效益的潜力，实施废热回收。回收的热能可以
为周围的建筑物供暖，可以提供给农业温室、游泳池，这不仅大大减少了能源浪
费，而且大大降低了数据中心的能源成本。此外，在 IT 设备中采用液体冷却技术
提供了提高废热温度的潜力。来自下游供热网络的中低温能源可以被一些低品位
的热驱动设备重复利用。例如，腾讯在中国上海的一个配送中心运用了冷热电联
产系统。该系统产生 886 万 kW·h 的供暖和 963 万 kW·h 的冷却，每年可减少
5018 t 碳排放。在芬兰，Telecity Group（泰利诚集团）运营了五个配送中心，其
中三个利用区域供热系统中的废热为 500 栋独立房屋和 4500 栋公寓楼供暖。可以

---

　　① COP 即 coefficient of performance（性能系数）。

看出，数据中心直流运行期间产生的废热可以得到有效利用，为附近的建筑物供暖或为区域供热网络做出贡献。如果中国现有数据中心的余热能得到有效回收，则有可能为约 5.4 亿 $m^2$ 的区域提供热量，这相当于中国水热地热能清洁供热面积（截至 2020 年为 5.8 亿 $m^2$）。

相较于数据中心的余热，地热的中低温能源利用成本较高。开发地热能源通常需要进行地质勘探、井钻，需要采购地热能发电设备等高成本投资。尤其是在热量转换和发电设备的投入上，成本较高。另外，在设备的维护上，地热能源的运营和维护成本主要包括设备运行维护、地热资源的管理与监控等。虽然成本相对高昂，但由于地热的稳定性，长期运行下来可以较好地控制运营成本。数据中心的热源利用相对来说成本较低，主要是通过热交换设备和管道系统实现余热的回收和利用，相比地热能源的建设成本要低。另外数据中心热源的运营和维护成本较低，主要集中在热交换设备的维护和能效管理上，相对比较容易控制。

## 参 考 文 献

胡斌, 蔡宏, 祝银海, 等. 2023. 工业热泵发展白皮书[EB/OL]. https://www.ditan.com/static/upload/file/20240329/1711683673178098.pdf[2024-12-11].

蒋东方, 贾跃龙, 鲁强, 等. 2020. 氢能在综合能源系统中的应用前景[J]. 中国电力, 53(5): 135-142.

李佳玉, 魏乐, 房方, 等. 2024. 飞轮储能控制技术及其在新型电力系统中的应用[J]. 中国科学: 技术科学, 54(6): 1003-1020.

卢兆军, 袁飞, 郝泉, 等. 2021. 考虑响应特性的需求侧多元可控负荷协同调控策略[J]. 科学技术与工程, 21(20): 8490-8497.

吕俊复, 尚曼霞, 柯希玮, 等. 2023. 粉煤循环流化床燃烧技术[J]. 煤炭学报, 48(1): 430-437.

潘新慧, 陈人杰, 吴锋. 2023. 电化学储能技术发展研究[J]. 中国工程科学, 25(6): 225-236.

清华大学建筑节能研究中心. 2023. 中国建筑节能年度发展研究报告 2023(城市能源系统专题)[R]. 北京: 中国建筑工业出版社.

王为帅, 张雪梅, 许帅, 等. 2024. 关于需求侧资源在参与新型电力系统调节的研究和思考[J]. 电气时代, (3): 20-23.

王永真, 王璇琳, 韩恺等. 2024. 中国能源系统能流、㶲流与能效分析[J]. 新型电力系统, 2(2): 223-236.

杨军伟, 杜露露, 刘夏, 等. 2021. 高风电渗透率下考虑需求侧管理策略的智能微电网调度方法[J]. 智慧电力, 49(3): 32-39, 110.

# 第6章　数据中心分类及典型节能技术

## 导　　读

（1）现今整个数据中心通过云计算向世界各地提供服务，其由多达上百万台的服务器所组成。

（2）Uptime Institute 按照组件的完整性将数据中心分为四类，《数据中心设计规范》（GB 50174—2017）按照数据中心的使用性质、数据丢失或网络中断在经济或社会上造成的损失或影响程度将数据中心分为三级。

（3）作为数据中心节能减排的核心环节，IT 设备与冷却系统通过节能优化、供配电技术升级等手段，直接决定电能利用效率的大小。

## 6.1　全球数据中心发展历程

处于信息世界中心位置的数据中心，最早出现于 20 世纪 60 年代。随着计算机技术的不断发展和互联网的迅速扩张，数据中心的规模也以惊人的速度增长。目前，业界大体上把数据中心的发展历程分为以下四个阶段（谷丽君，2019）。

第一阶段，20 世纪 60 年代初到 20 世纪 80 年代初，随着第一台计算机的诞生，数据中心也随之出现。由于当时计算机属于稀缺设备，所以数据中心一般是指存放在机房中的大型主机设备。通常一台主机上会配置多个终端，通过网络被多个用户分时共享计算资源，这样可以达到充分利用计算机资源的目的。

第二阶段，20 世纪 80 年代到 20 世纪 90 年代初，随着大规模集成电路的使用，计算机性能得到很大程度的提升，同时，计算机价格大幅度下降，进而直接推动了计算机行业的繁荣。此外，客户端-服务器计算模式的广泛应用，也使得各个企业开始构建属于自己的数据中心，为企业内部提供资源管理、协同办公等信息服务系统以支持业务发展。此时的数据中心一般由数十台至百台服务器组成。

第三阶段，20 世纪 90 年代到 21 世纪初，随着互联网的繁荣以及电子商务、电子政务盛行的热潮，数据中心得到了蓬勃发展。一些大型企业和机构如电信、银行等，开始扩建自己的数据中心，来满足建设门户网站、部署不间断运行的系统和为用户提供高速互联网访问的需求。对于小型和微型企业而言，由于本身经济实力较弱，其往往通过将服务器托管到公共数据中心的方式来运行自己的门户网站，从而达到节约成本的目的。这时的数据中心被称为"互联网数据中心"（internet data center，IDC），其规模也达到了上百台甚至上千台，并且 IDC 里面还配备有相应的大型制冷设备和不间断供电系统（uninterruptible power system，UPS）。

第四阶段，21 世纪初至今，随着网上银行、在线视频、社交网络、网络游戏等新兴服务的不断涌现和普及，网络用户数量以惊人的速度增长。特别是随着云计算的提出和发展，负责高性能计算、海量数据存储和提供网络服务的数据中心，更是得到了空前的发展。这时的数据中心被称为"云数据中心"（cloud date center，CDC），整个数据中心通过云计算向世界各地提供服务，其由多达上百万台的服务器所组成。

## 6.2　数据中心等级划分分类

针对数据中心分类，并无统一标准，在实际工作中，可以采用不同的参照体系，如功能、部署方式、规模、服务类型等，进行类别划分，以便于后期的规划、设计和建设施工等。

### 6.2.1　Uptime Institute 分类

由于信息设备对其运行可靠性有极高的要求，业界普遍将其正常运行时间作为参考标准进行数据中心的等级划分。基于上述标准，权威认证机构 Uptime Institute 将数据中心从低到高依次分为 Tier1—Tier4 四个等级，各级数据中心的功能需求具体描述如下（Barroso et al.，2013）。

（1）Tier1 级数据中心（基础型）：该级别数据中心无设备冗余配置（包括服务器、网络设备、供电设备及冷却系统等），虽然在设计之初以全年不间断运行为目标，但是在运行过程中可以接受日常维护宕机和非计划宕机。由于采用单设备独立运行方式，该类数据中心的任一故障点都会影响到系统运行状态。

（2）Tier2 级数据中心（组件冗余型）：该级别数据中心在 Tier1 级的基础上实现了供电系统和冷却系统的部分设备冗余，即采用 $N+1$ 备用方式。当设备故障检修和日常维护时，Tier2 级数据中心可通过冗余设备切换来避免或减小对系统运行状态的影响。

（3）Tier3 级数据中心（并行维护型）：该级别数据中心在 Tier1 级和 Tier2 级的基础上进一步提高供电系统和冷却系统的冗余配置级别，即所有设备都会连接到双路电源，从而保证任何一路电源故障都不会导致设备宕机。此外，空调系统的冗余配置需实现主、备系统都有能力独立支撑数据中心正常运行。Tier3 级数据中心可保证设备在进行计划性动作时不影响系统运行。与此同时，人为误操作或设备故障等导致的非计划宕机仍被认为是可接受的。

（4）Tier4 级数据中心（容错型）：该级别数据中心采用了供电系统和冷却系统的完全冗余配置，所有的系统组件都通过独立的双路电源供电，同时主备冷却系统相互独立运行，即实现供电系统和冷却系统的"1∶1"冗余。当发生由设备故障或人为误操作所导致的非计划动作时，Tier4 级数据中心将至少有一次可避免系统宕机风险，只有当完全独立的双路电源或主备冷却系统同时发生故障时，系统运行才会受到影响。

根据 Uptime Institute 所采用的数据中心等级划分标准，等级高的数据中心对设备冗余配置要求更加严格，因此将具有更长的无故障运行时间，而等级低的数据中心与之相反。

### 6.2.2 《数据中心设计规范》分类

《数据中心设计规范》（GB 50174—2017）根据数据中心的使用性质、数据丢失或网络中断在经济或社会上造成的损失或影响程度确定所属级别，将数据中心划分为 A、B、C 三级，在同城或异地建立的灾备数据中心，设计时宜与主用数据中心等级相同。数据中心基础设施各组成部分宜按照相同等级的技术要求进行设计，也可按照不同等级的技术要求进行设计。当各组成部分按照不同等级进行设计时，数据中心的等级应按照其中最低等级部分确定。各级数据中心的分级标准与性能要求具体描述如下。

（1）A 级数据中心：电子信息系统运行中断将造成重大的经济损失或公共场所秩序严重混乱的数据中心应划分为 A 级数据中心。A 级数据中心的基础设施宜按容错系统配置，在电子信息系统运行期间，基础设施应在一次意外事故后或者单系统设备维护或检修时仍能保证电子信息系统正常运行。同时 A 级数据中心还需满足以下要求：①设备或线路维护时，应保证电子信息设备正常运行；②市电直接供电的电源质量应满足电子信息设备正常运行的要求；③市电接入处的功率因数应符合当地供电部门的要求；④柴油发电机系统应能够承受容性负载的影响；⑤向公用电网注入的谐波电流分量（方均根值）允许值应符合现行国家标准《电能质量 公用电网谐波》（GB/T 14549—93）的有关规定。

（2）B 级数据中心：电子信息系统运行中断将造成较大的经济损失或公共场所秩序混乱的数据中心应划分为 B 级数据中心。B 级数据中心的基础设施应按冗余要求配置，在电子信息系统运行期间，基础设施在冗余能力范围内，不得因设备故障而导致电子信息系统运行中断。

（3）C 级数据中心：不属于 A 级或 B 级的数据中心应为 C 级数据中心。C 级数据中心的基础设施应按基本需求配置，在基础设施正常运行情况下，应保证电子信息系统运行不中断。

### 6.2.3　《互联网数据中心（IDC）技术和分级要求》

2023 年国家市场监督管理总局、国家标准化管理委员会正式发布国家标准《互联网数据中心（IDC）技术和分级要求》（GB/T 43331—2023），规定了 IDC 在绿色节能、可用性、安全性、服务能力、算力与算效、低碳等六大方面的技术及分级要求，以提升不同行业的深化赋能作用。

### 6.2.4　其他分类

1. 按功能分类

（1）主要数据中心：用于托管企业的核心业务数据、应用程序和服务，承担主要的数据存储和处理任务，通常有高安全性和高可靠性等高性能要求。

（2）备份（辅助）数据中心：备份主要数据中心数据，具有数据冗余和灾难恢复功能。

（3）边缘数据中心：位于数据源头或数据使用的边缘位置，加速数据传输并提供低延迟。

（4）云计算数据中心：用于提供云计算服务，包括云存储、云计算实例、云数据库等，通常具有弹性、可伸缩和高性能等特点。

2. 按部署方式分类

（1）私有数据中心：单个组织或企业拥有和管理的数据中心。

（2）公共数据中心：第三方提供商提供和管理的数据中心。

（3）混合数据中心：私有和公共数据中心的结合，扩展私有数据中心的能力，同时可利用公共云服务。

3. 按规模分类

根据规模的不同，数据中心可以大致分为小型数据中心、中型数据中心、大型数据中心和超大型数据中心（田立波，2014），该划分方法并无严格标准，主要采用的两个参考指标为数据中心机房面积和数据中心机柜容积比（机柜容积比定义为机房总面积与机柜总数的比率）。一般情况下，机房面积直接反映了数据中心规模的大小，而机柜容积比可以对数据中心规模进一步准确描述，比如，若机房面积很大且机柜容积比也较大，则意味着单位面积布置的机柜数量较少，此时就应该谨慎定义数据中心规模。按照规模划分数据中心的常用准则如表 6-1 所示。

**表 6-1 数据中心分类**

| 类型 | 面积/m³ | 机柜数量/个 |
|------|---------|------------|
| 小型数据中心 | 30—200 | 10—50 |
| 中型数据中心 | 200—800 | 50—200 |
| 大型数据中心 | 800—2000 | 200—1000 |
| 超大型数据中心 | >2000 | >1000 |

注：数据不含右端点

（1）大型数据中心：通常具备多个数据机房、大容量服务器以及存储和网络设备，用于为全球范围内的大型组织和互联网服务提供商提供高容量、高性能的数据存储与处理服务。

（2）中型数据中心：通常由多个机房和设备组成，用于为中型企业或大型机构提供数据存储、处理和管理服务。

（3）小型数据中心：通常由单个建筑或机房组成，用于为小型企业提供基本的数据存储和处理服务。

**4. 按服务类型分类**

（1）托管数据中心：通常由第三方数据中心服务提供商部署、管理和监控，通常代表公司，向用户提供机架、电力、网络等基础设施，以此进行自有设备的托管。

（2）云数据中心：通常由云服务提供商建设和运营，为多位客户提供云计算资源和服务。

（3）内容分发网络：构建全球分布式的缓存节点，加速内容传递和提供低延迟的访问服务。

# 6.3 数据中心基本结构及能源形式

## 6.3.1 数据中心基本结构

根据《数据中心设计规范》，数据中心的组成应根据系统运行特点及设备具体要求确定，宜由主机房、辅助区、支持区、行政管理区等功能区组成。其中，主机房的使用面积应根据电子信息设备的数量、外形尺寸和布置方式确定，并应预留今后业务发展需要的使用面积。

整体来看，数据中心的硬件分为两类，即主设备和配套设备。

　　主设备是真正实现计算和通信功能的设备，也就是以服务器、存储为代表的 IT 算力设备，以及以交换机、路由器、防火墙为代表的通信设备。服务器包含 CPU、内存、主板、硬盘、显卡、电源等，一般摆放在机架（也叫机柜）上。一个常见标准机架高度尺寸是 42 U，1 U 约等于 4.445 cm。交换机是数据中心最底层的网络交换设备，负责连接本机架内部的服务器，以及与上层交换机相连。

　　配套设备则是为了保证主设备正常运转而存在的底层基础支撑设备（也包括一些设施）。底层基础支撑设备又分为多种，主要有供配电系统和散热制冷系统，其中，供配电系统的主要作用就是电能的通断、控制和保护。数据中心配电柜分为中压配电柜和低压配电柜。中压配电柜主要是 10 kV 电压等级，向上接入市电，向下接低压配电柜。低压配电柜主要是 400 V 电压等级，对电能进行进一步的转换、分配、控制、保护和监测。除了配电柜之外，为了保证紧急情况下的正常供电，数据中心还会配备大量的 UPS 甚至柴油发电机组。

　　散热制冷系统方面，目前，数据中心制冷主要包括两种方式，一种是风冷，另一种是液冷。风冷一般采用风冷空调系统，与家用空调一样，数据中心风冷空调也分为室内机和室外机。相对来说，风冷技术成熟，结构简单，容易维护。液冷是采用液体作为冷媒，进行更高效、更精准的降温散热，同时其系统较为复杂，投资及运维成本也较高。

　　除了供配电和散热制冷系统之外，数据中心还有一些和管理运维有关的设备设施，如动环监控系统、楼宇自动控制系统、消防系统等。动环监控，就是动力和环境监控，实时监测和管理数据中心的运行状态。数据中心的消防系统较为特殊，因为机房里都是电子设备，所以数据中心出现火灾后，机房区域通常会释放氩气、氮气等惰性气体来实现灭火。

### 6.3.2　数据中心供配电系统

　　数据中心供配电系统一般选用两路市电源互为备份，并且机房设有专用柴油发电机系统作为备用电源系统，市电电源间、市电电源和柴油发电机间通过自动切换开关（automatic transfer switch，ATS）进行切换，为数据中心内 UPS 电源、机房空调、照明等设备供电（孙晓旭，2018）。由于数据中心业务的重要性，系统采用双母线的供电方式供电，满足数据中心服务器等 IT 设备高可靠性用电要求。双母线供电系统，有两套独立 UPS 供电系统（包含 UPS 配电系统），在任一套供电母线（供电系统）需要维护或出现故障而无法正常供电的情况下，另一套供电母线仍能承担所有负载，保证机房供电，确保数据中心业务不受影响。在 UPS 输出和 IT 设备输入间，选用电源列头柜（power distribution module，PDM）进行电源分配和供电管理，实现对每台机柜用电进行监控管理，提高供电系统的可靠性和易管理性。对于双路电源的服务器等 IT 设备，通过 PDM 直接从双母线供电系统的两套母线引入电源，即可保证其用电高可靠性。对于单路电源的服务器等 IT 设备，使用静态切换开关（static transfer switch，STS）为其选择切换一套供电母线供电。在供电母线无法正常供电时，STS 将自动快速切换到另一套供电正常的母线供电，确保服务器等 IT 设备的可靠用电。

根据现有的数据中心供电系统归纳分析得到，目前数据中心配电系统的核心供电单元分为以下三种：①串联热备份不间断电源供电方式。该配电系统是由两个串联的 UPS 组成的，两个 UPS 不能同时给负载供电，但它们相互充当彼此的备份，以此来消除单点故障，但是这也具有很明显的缺点，那就是超载能力较差、备机的老化程度不均匀。②冗余并联不间断电源供电方式。该配电系统是由三个并联的 UPS 构成的，当其中任意一台 UPS 发生故障不能及时给负载供电时，均可以将其去掉，并不影响剩余两个备份的 UPS 继续给负载供电，可更好保证输电不中断。③双总线不间断电源供电方式。该配电系统由两路独立的供电母线分别给双电源负载供电，然后通过双路转换开关给单电源负载供电，这样就可以消除单点故障，但是增加了同步控制，就又增加了故障点（谷丽君，2019；Alger，2009）。

现有的数据中心配电系统中，电源分配单元（power distribution unit，PDU）是不可或缺的一部分。一般情况下，一个数据中心机房里会配备两台 PDU 来保证数据中心的冗余性，同时两台 PDU 可以分别连接不同的设备或设备组，实现负载均衡，避免单台 PDU 过载，提高系统的稳定性。并且，在某些情况下，可能需要将不同类型的负载或不同重要性的设备分开供电，两台 PDU 可以提供电源隔离，降低相互之间的影响，另外，在对一台 PDU 进行维护和升级的时候，另一台 PDU 可以继续为设备供电，保证数据中心不间断运行。

在数据中心配电系统中，为保障实现稳定，不间断电源供应离不开 UPS，这一系统主要用于在市电中断或不稳定时为关键设备（如服务器、网络设备）提供电力，确保它们能够继续运行。UPS 保障关键设备正常运行这一功能主要体现在两个方面：在突然断电时应急使用，防止突然断电对计算机造成损害；同时，也可以消除市电上的电涌、瞬间高电压、瞬间低电压、电线噪声和频率偏移等"电源污染"，提高电源质量，为计算机系统提供高质量的电源。目前的 UPS 分为以下三种：①后备式 UPS。在正常运行方式下，负载由交流输入电源的主电源经由 UPS 开关供电。可能需结合附加设备（如铁磁谐振变压器或者自动抽头切换变压器）对供电进行调节。②在线式 UPS。一直使其逆变器处于工作状态，通过电路将外部交流电转变为直流电，再通过高质量的逆变器将直流电转换为高质量的正弦波交流电输出给计算机。③在线式互动 UPS。在输入市电正常时，UPS 的逆变器处于反向工作状态（即整流工作状态），给电池组充电；在市电异常时逆变器立刻转为逆变工作状态，将电池组电能转换为交流电输出。

### 6.3.3　数据中心能耗组成

数据中心一般包括 IT 设备、制冷设备、供配电设备、其他设备，其能耗主要由三部分构成，如图 6-1 所示，其中 IT 设备的能源使用包括 CPUs、存储器、网络、磁盘等，约占总能耗的 36%；冷却系统的能源使用包括冷水机、风扇、泵、冷却塔等，约占 50%；电量传输基础设施的能源使用，包括供配电系统、照明系统等，约占 14%。

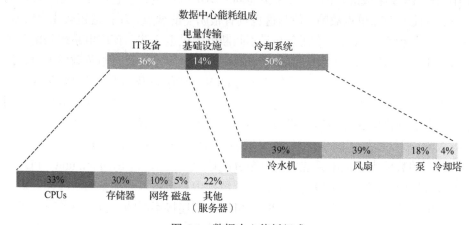

图 6-1　数据中心能耗组成

## 6.4　数据中心的典型节能技术

根据 Uptime Institute 发布的统计数据，老旧数据中心广泛采取冷热空气隔离、优化冷却控制和提高送风温度等措施，推动全球数据中心平均 PUE 从 2007 年的 2.5 迅速下降至 2014 年的 1.65。2014 年后，空气冷却一直占据数据中心冷却的主导地位，全球 PUE 持续下降空间已明显缩窄，导致整体用电量的节约幅度明显弱于 2007—2014 年的水平。全球超大型数据中心加速建设，推动数据中心 PUE 进一步优化。随着技术以及商业模式的发展，数据中心业务形态从机柜租赁转为算力租赁，这要求算力更为高效和集约部署，推动全球超大规模数据中心加速建设，并带动一批老旧小型数据中心淘汰关停。根据 Gartner（高德纳）公司公布的数据，2022 年全球数据中心数量从 2015 年的 45 万个缩减至 2022 年的 43 万个。Synergy Research Group（Synergy 研究集团）公布的数据显示，截至 2023 年底，大型数据中心数量增加到 992 个，并在 2024 年初增长到超过 1000 个，比 2018 年增长了一倍。全球大型和超大型数据中心集约化建设，带动全球数据中心 PUE 不断下降。

如前述，做好数据中心及其集群的能效优化，是数字经济健康可持续发展的基本保障。数据中心的能效优化研究不仅包括本体 IT 服务器设备计算性能的优化提升，也包括源头电力供应、负荷侧制冷技术及储能技术等方面的优化。同时，选择电力充沛地区以及低温岩洞或高纬度等低温环境、采用液冷等先进换热及传热技术，探索利用海洋、山洞等地理条件建设自然冷源数据中心也成为该领域的热点研究方向。此外，电力供应与备用电源方面，传统电力系统需经过"发—输—变—配—用"的单向电能传输过程。随着近些年来绿电直供、源网荷储等绿电技术的应用，新型电力系统将形成大电网主导、多种电网形态相融并存的格局，形成"源—网—荷—储"的一体化循环过程，提高新能源发电消纳占比。

### 6.4.1 IT 侧计算设备节能技术

IT 设备节能技术方面，随着计算机与芯片技术的发展，目前已经发展出多种技术手段以降低 IT 设备的能耗，如动态电压频率调节（dynamic voltage and frequency scaling，DVFS）技术、C-state（CPU 状态）处理器休眠动态节能技术、虚拟化技术、提高芯片性能等，从"荷"侧出发，从数据中心中服务器、存储设备与通信设备等多个方面着手降低 IT 设备能耗（谷丽君，2019）。

（1）处理器硬件节能技术：现阶段最流行的处理器节能优化技术有 DVFS 技术和动态功率管理（dynamic power management，DPM）技术。由于处理器的性能和动态功率与其电压及频率有关，因此 DVFS 技术可根据负载需求对处理器的电压和频率进行动态调整，在低负载情况下降低处理器能耗，进而实现处理器的高效运行。DPM 技术则可以根据处理器运行状态，对处理器上的部件进行动态管理，从而通过关闭不必要的部件实现节能。目前该项技术已在多数厂商的产品生产中实现商业化应用。

（2）虚拟机动态迁移（live migration of virtual machine）技术：虚拟机动态迁移技术是指在服务器运行期间实现负载的在线调度。由于 DVFS 技术可以改变处理器的能耗效率，因此，在负载可由集群内任一服务器处理的情况下，虚拟机动态迁移技术可以通过合理调度负载，提高处理器运行能效，降低服务器集群整体功耗。虚拟机动态迁移技术使负载的执行不完全依赖于底层硬件配置，实现了虚拟机（virtual machine，VM）资源的灵活调度，是目前较为广泛的节能技术之一。

（3）电源管理技术：微软、Intel、Toshiba（东芝）三家公司在 1996 年联合推出高级配置和电源管理接口（Advanced Configuration and Power Management Interface，ACPI）标准，该标准将处理的工作状态分为 S0—S5 六个级别，并根据实际负载需求设定 IT 设备各部件的工作状态，如逐级的睡眠和休眠状态、显示器的亮屏状态等，计算机在 S0 状态下功耗最高，此时所有设备都处于正常工作状态；S1 状态下计算机会将处理器关闭并保持其他部件正常工作；S2 状态下处理器和总线时钟关闭，其他部件正常工作；S3 状态又称为待机（suspend to RAM，STR），该状态会向内存等设备供电以保证数据不丢失，并关闭其余设备；S4 状态又称为磁盘唤醒（suspend to disk，STD），此时系统会将所有数据存储至硬盘，然后关闭主机电源；S5 状态即为最为常见的关机状态。ACPI 标准的应用可以有效降低 IT 设备的运行功耗。

（4）存储器节能技术：数据中心的存储器节能主要指基于磁盘阵列技术的大规模存储器节能，该项技术在不同负荷下通过转换磁盘的高功耗模式和低功耗模式实现系统节能。实现磁盘系统功耗模式切换的方法有两个，分别是降低单个磁盘功耗和磁盘阵列总功耗。目前，降低单个磁盘功耗的技术有每分钟动态转数（dynamic rotations per-minute，DRPM），其通过调整磁盘转速控制读写数据的速率，降低磁盘功耗；降低磁盘阵列总功耗的技术有大规模非活动磁盘阵列存储（massive array of idle disks，MAID），其通过控制磁盘阵列中处于活动状态的磁盘数量，实现对数据读写请求的响应，降低磁盘阵列的总功耗。

### 6.4.2　OT 侧冷却系统节能技术

操作技术（operational technology，OT）侧冷却系统节能技术方面，在数据中心总体能耗中，冷却系统能耗占比甚至高于 IT 设备，因此降低冷却系统能耗已成为数据中心节能技术发展的一大重要趋势。一方面，利用江河湖海、天然溶洞等自然冷源对数据中心进行制冷，或在高海拔、高纬度地区建立数据中心以降低数据中心制冷需求；另一方面，采用先进制冷空调技术，如液冷、高效冷水机、热管冷却、间接蒸发冷却和各类热泵等技术提高冷却系统能效。结合数据中心所在地的地理气候条件，因地制宜地选择合适的节能技术，能够有效降低数据中心整体运行的能耗。目前，降低冷却系统能耗的技术主要有以下几种。

（1）液体冷却技术：数据中心的常规冷却方式为通过冷却系统供给冷风用以控制 IT 设备温度。在数据中心发展的早期，由于 IT 设备集成度较低，其运行时消耗的能量及相应的散热量也较小，采用常规的风冷方式尚可满足机房的冷却需求。然而，随着电子集成技术的快速发展，IT 设备性能得到提升的同时，其相应的散热密度迅速增大，这对数据中心的冷却技术提出了更高的要求。由于空气与 IT 设备封装的换热效果较差，具有高发热密度的数据中心开始尝试应用具有更好冷却效果的液体冷却技术。液体冷却技术是在机柜或 IT 部件直接通过液体传热媒质进行热交换的技术，其主要特点是换热效率远高于传统的风冷技术。液冷技术可以分为直接液冷技术和间接液冷技术两种。直接液冷的方式之一是将 IT 设备浸没在液态冷却媒质中，使液体媒质直接吸收 IT 设备散发的热量，这种方式虽然具有很高的换热效率，但是需要对 IT 设备进行改造，其建设和维护成本也相对较高。直接液冷的另一种方式是将液体换热媒质直接输送至位于处理器等发热集中部件的液冷换热器，通过接触式换热对发热部件进行冷却。间接液冷是将液态冷却媒质输送至机柜，通过安装在机柜后门位置的液冷背板对服务器排出的热风进行冷却。间接液冷技术通常与风冷技术联合使用，采用间接液冷技术不仅能提高冷却系统的能源使用效率，还可以有效抑制热风回流所导致的局部热点。

（2）自然冷源利用技术：数据中心的冷却系统功耗由制冷功耗和送风功耗两部分组成。其中制冷功耗与空调的热负荷有关，在冷却系统功耗中占有较大比重。为缓解日益增大的冷却系统运营成本压力，国内外学者均趋向于采用自然冷源替代常规的机械制冷。自然冷源利用技术可以分为直接自然冷源利用技术和间接自然冷源利用技术两种。直接自然冷源利用技术是指机房直接引入室外冷空气来替代空调送风，通过缩短冷却系统的制冷时长降低冷却能耗。在此需要注意的是，使用直接自然冷源利用技术需要保证引入的室外空气满足机房的洁净度要求。间接自然冷源利用技术主要以热管排热系统为代表，该技术充分发挥了热管的热量传输优势，通过机房内灵活布置热管将 IT 设备散发的热量进行远距离输运，实现数据中心冷却。

（3）热感知负载调度技术：数据中心内服务器的芯片温度受其工作负载和冷却风温度的影响。对于常规的风冷数据中心，复杂的气流组织会导致机房内温度场的不均匀分布。为保证服务器的稳定运行，冷却系统需维持机房内温度低于安全阈值，这就会不可避免地导致冷量的过量供给，进而导致冷却功耗的浪费。基于以上原因，相关学者提出了一系列基于热感知的负载调度技术，以提高冷却系统运行效率，降低冷却系统能耗。该技术可以分为基础热感知负载调度、热循环感知负载调度和优化热感知负载调度三类。基础热感知负载调度采用某一温度指标衡量服务器或计算负载的热状态，以此为依据通过启发式算法进行服务器负载调度；热循环感知负载调度则是将服务器供给或接收的循环热量作为度量标准，通过负载调度降低热循环指标峰值；优化热感知负载调度与前两者的区别在于其负载调度的目标为降低冷却系统功耗，比较而言，该方法的节能性能更为显著。热感知负载调度技术虽然是以虚拟机迁移技术为基础的，但是其运行策略却与传统的虚拟机迁移技术有明显不同。传统的虚拟机迁移技术以提高 IT 设备运行效率为目标，将数据中心负载集中于个别高能效服务器，在此过程中并未考虑冷却系统功耗的影响。热感知负载调度技术则以降低数据中心功耗为目标进行负载调度。相对于传统的虚拟机迁移技术而言，热感知负载调度技术从更加宏观的角度考虑数据中心的能耗优化问题，也具有更好的效果。

IT 设备在工作时会产生大量的热量，同时其稳定高效运行又需要将设备温度控制在安全阈值以下，因此，常规的风冷数据中心对机房室内的温度和湿度都有严格要求。目前国内普遍采用的《数据中心设计规范》（GB 50174—2017）将数据中心由高到低划分为 A 级、B 级和 C 级。

### 6.4.3　OT 侧供配电节能技术

提升供电设备的负载能力对于提高数据中心供电系统的整体效率至关重要。传统数据中心的供配电系统由多种设备组成，包括变压器、UPS 和配电柜等。这些系统保证了数据中心的稳定运行，但传统的 UPS 供电方案存在较大的电能损耗问题，导致能效水平并不理想。因此，提升单一设备的能效，特别是采用节能型变压器和高效交流不间断电源，可以显著提高数据中心的供电效率。以非晶合金变压器为例，这类节能变压器与常规变压器相比，具有较高饱和磁感应强度和较低损耗特性。非晶合金变压器在去磁和磁化过程中表现出极高的效率，因而可以显著降低能耗并增加有效载荷。具体来说，与 315 kVA 的硅钢磁芯变压器相比，非晶合金变压器在空载或负载状态下能够降低 40%至 60%的损耗。此外，UPS 的增强型 ECO［即 ecology（生态）、conservation（节能）和 optimization（优化）］模式使得 UPS 能在减少电源保护的情况下运行，从而实现高达 99%的效率。当旁路输入异常时，UPS 能够在 0 ms 内切换至电池供电，一旦旁路输入恢复正常，又能在 0 ms 内切回旁路供电，整流单元则继续正常充电。这种快速切换能力确保了 UPS 在经济模式下的高效运行。综上所述，采用先进节能技术提升设备效能，如节能型变压器和高效 UPS 的 ECO 模式，可以有效优化数据中心的供电系统，降低运营成本，同时减轻对环境的影响。

随着对能效和可持续性的日益重视，重构系统架构以提升供电系统的能效在数据中心领域正逐步得到广泛应用。集成式电力模块作为一种创新的供配电一体化解决方案，显著优化了传统供电系统。这种模块将变压器、低压柜、补偿柜、不间断电源、馈线柜和电力监控等变配电设备和电源系统的功能集约整合在一起。这种一体化设计，不仅减少了所需的占地空间，还缩短了供电链路和部署工期，形成了一个功能更完备、更高效的全融合型电源系统。

例如，联通在德清的数据中心采用了这种融合型智能电力模组。从变压器出线柜逐级连接到 UPS 输出，所有柜体并排安装，且柜体之间全部采用铜排母线连接。这种设计，配合铜排母线与配电柜体的整合制造，简化了级间保护的重复设置，有效解决了传统拼装方案中柜体间电缆上下翻折的问题，从而降低了线路和配电损耗。同时，该数据中心还采用了一级能效变压器和高效模块化 UPS，以及动态在线功能，进一步提升了整体电力模组的运行效率。

## 参 考 文 献

谷丽君. 2019. 基于热感知的数据中心能耗优化策略研究[D]. 北京: 华北电力大学.

孙晓旭. 2018. 基于 MMC-HVDC 系统的数据中心配电系统研究[D]. 青岛: 青岛科技大学.

田立波. 2014. 基于 DSP 的数字化在线式 UPS 的研究[D]. 天津: 河北工业大学.

Alger D. 2009. Grow a Greener Data Center[M]. San Jose: Cisco Press.

Barroso L A, Clidaras J, Hölzle U. 2013. The Datacenter as a Computer: An Introduction to the Design of Warehouse-Scale Machines[M]. San Francisco: Morgan & Claypool Publishers Inc.

# 第 7 章　数据中心节能技术发展趋势

## 导　　读

（1）从全球数据中心科学引文索引（Science Citation Index，SCI）论文逐年发表量及关键词云热点趋势可以看出，算力-电力-热力协同耦合的综合能源系统是数据中心发展的趋势。

（2）目前各大企业都在积极寻求数据中心的可再生能源的高效利用，中国也通过绿电绿证交易全面推动算力产业的绿色用能。

（3）工作负载均衡调度技术和算力调度实现能耗和性能的协同控制将是大模型应用后数据中心的一个主要研究方向。

## 7.1　数据中心能效优化研究知识图谱

为揭示全球学者在数据中心能效优化方面的研究态势，基于科学网络（Web of Science，WoS）数据库核心合集，以 TS="data center" & TS="energy" 为检索式，共检索出 5000 余篇研究文献（截至 2023 年 11 月），并使用 CiteSpace 软件从国家、机构、学者的合作网络及关键词等方面对数据中心的能量研究进行分析。一方面，数据中心研究中涉及 "energy" 的文献占比自 2000 年以来已呈现快速上升态势，并在 2012 年以后占到了 50% 的份额；另一方面，"能效""能源利用""绿色计算""冷却系统"也已成为数据中心的研究热点（王永真等，2023；曹雨洁等，2022）。

图 7-1 展示了发文频次在 30 篇及以上的国家之间的可视化合作网络图谱，其中带有粗实线外环的为中心性大于 0.1 的国家，如美国、中国、法国、印度及加拿大等国家。当一个国家的中心性较高时，表明该国在与其他国家的合作网络中扮演着重要的连接者角色。具体来说，具有高中心性的国家很可能出现在网络中其他国家之间的最短路径上。这意味着如果另外两个国家想要相互合作，它们更有可能通过具有高中心性的国家来实现。实际上，这意味着具有高中心性的国家可以促进网络中其他国家之间的协作和信息交换。这也可能表明该国拥有强大的外交网

络，并在国际关系中发挥着重要作用，然而，要注意的是，一个国家具有高中心性并不一定意味着该国家是最有生产力或最有影响力的合作者，例如，日本（JAPAN）、意大利（ITALY）及英国（ENGLAND）的发文量都多于加拿大，但中心性却低于后者。总体而言，当一个国家的中心性较高时，表明该国有潜力充当国际合作的重要调解者或促进者，这对于寻求促进国际合作的研究人员或决策者来说可能是有用的信息。

图 7-1　数据中心领域国家合作网络图谱

机构分析可以帮助研究人员更好地了解特定领域的研究前景，确定关键参与者和合作，并为未来的研究方向提供信息。发文量数目前三位的机构分别是中国科学院（Chinese Acad Sci）、清华大学（Tsinghua Univ）及北京邮电大学（Beijing Univ Posts & Telecommun），且前 15 位机构中约有一半来自中国。这表明中国机构在数据中心研究领域中发挥着重要和积极的作用，拥有强大的研究成果并积极参与国际合作。发文频次在 10 篇及以上的机构共有 62 家，中心性较高的机构有中国科学院、清华大学。

学者分析有助于发现数据中心领域的专家和学术团队，以及他们的研究主题和成果。筛选出发文量在 5 篇及以上的学者，绘制学者合作网络图谱（图 7-2），可以看出，在数据中心的能量研究领域，形成了以 Roger Schmidt、Dereje Agonafer、Zhiyong Liu 及 Cullen E. Bash 等学者为中心的合作网络。

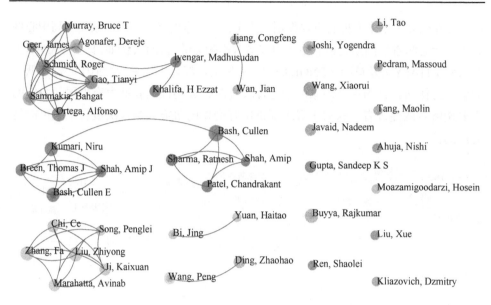

图 7-2　数据中心领域学者合作网络图谱

## 7.2　算力-电力-热力协同的发展趋势

突现词分析作为一种有效的研究方法，有助于从众多研究主题中筛选出在特定时间段内呈现出显著增长趋势的关键词。如图 7-3 所示，在 21 世纪初期，thermal management（热管理）与 data center cooling（数据中心冷却）成为学者关注的焦点，研究聚焦于确保数据中心安全稳定运行的制冷系统的关键环节。随后，研究

| 关键词 | 年份 | 强度 | 开始 | 结束 | 2000—2023年 |
|---|---|---|---|---|---|
| thermal management | 2004 | 11.08 | 2004 | 2011 | |
| data center cooling | 2004 | 5.20 | 2004 | 2012 | |
| power management | 2005 | 11.46 | 2009 | 2014 | |
| green computing | 2009 | 7.04 | 2009 | 2015 | |
| power consumption | 2010 | 10.48 | 2010 | 2014 | |
| cloud data center | 2012 | 5.69 | 2017 | 2018 | |
| thermal performance | 2019 | 5.61 | 2019 | 2021 | |
| power demand | 2020 | 6.91 | 2020 | 2021 | |
| machine learning | 2016 | 6.18 | 2020 | 2021 | |
| air | 2018 | 5.30 | 2020 | 2023 | |
| model | 2000 | 5.93 | 2021 | 2023 | |
| waste heat recovery | 2014 | 5.16 | 2021 | 2023 | |

图 7-3　数据中心能效研究的突现词分析

"年份"表示关键词第一次出现的年份；"开始"和"结束"表示关键词处于高热度的起止时间
黑色线表示该词处于高热度的时间段，深灰色线表示该词处于低热度的时间段

热点逐步演变为 power management（电源管理）、green computing（绿色计算）和 power consumption（能耗）等方面，反映出数据中心源侧及其 IT 系统化和能耗优化的研究加强。近年来，cloud data center（云数据中心）、thermal performance（热性能）、power demand（电力需求）、machine learning（机器学习）、air（气流）、model（模型）和 waste heat recovery（余热回收）等逐渐成为数据中心能效研究的热门话题。其中，基于低品位余热回收打造产消型数据中心、应用氢能助力形成绿色数据中心 IT 电力和备用电源、结合源网荷储一体化发展数据中心能源系统等方面的研究得到了大量关注，并逐步成为数据中心能源系统的主要研究趋势。

　　基于能的梯级利用、能的多能互补以及能的源网荷储的数据中心综合能源系统或将成为数据中心绿色可持续发展的未来研究热点。综合能源系统是指在规划、建设和运行等过程中，对能源的产生与转换、传输与分配、存储与消费等环节进行有机协调的能源产消一体化系统（王永真等，2021；王丹阳等，2023）。综合能源系统的供能特征与数据中心的用能特征深度协调匹配，将有效提升数据中心在绿色用能、能效保障以及经济运行等方面的综合性能。

## 7.2.1　工作负载的不均衡性

　　对于数据中心而言，保证不同应用的服务质量是其适行的核心目标，特别是满足客户提出的服务级别协议（service level agreements，SLAs）。SLAs 指标包括响应时间、吞吐量等，因为这些指标可以真实地反映客户对所提供服务的满意程度，其直接影响着数据中心投资商的资产回报率。所以，对于投资商而言，往往希望在保证满足客户 SLAs 的基础上，最大限度地提高服务器资源利用率来最大化其投资回报率。服务器资源的负载均衡，是提高资源利用率的重要手段和方法，但对于大部分数据中心而言普遍存在着负载不均衡的问题，主要体现在以下几个方面：①服务器内部各种硬件资源使用不均衡。比如，对于数据存储服务器而言，I/O（input/output，输入/输出）硬盘的读写利用率往往维持在 80%以上，但 CPU 的利用率却低于 20%。对于处理大规模浮点运算的服务器，情况则正好相反，CPU 的利用率会非常高。因此，在部署应用的时候应尽量做好硬件资源的配置分析，根据应用功能的不同，对资源配置有所偏重。②不同服务器之间负载不均衡。如今主流的 Web 应用往往采用由表现层、业务逻辑层和数据库层组成的三层架构体系，三层之间按照一定的逻辑顺序来处理用户的请求。不同的业务请求类型对架构在不同服务器上的各层压力也是不同的。因此，在部署之前要对所需处理的业务请求类型进行详细的分析。③资源在不同应用之间分配不均衡。数据中心运行的应用类型不止一种。不同应用往往对资源的要求也不尽相同。因此，应该按照应用的具体需求来配置服务器。④用户请求时间不均衡。用户对业务的请求往往存在高峰期和低谷期。以在线视频网站为例，在工作日期间，白天的负载要明显低于晚上，而在节假日或者周末，无论是白天还是晚上，整体负载要远高于工作日。此外，随着企业的发展，业务系统的负载整体呈上升趋势。这种时间不均衡性，不能通过简单的业务分析和静态配置方式来解决，而要在运行过程中根据负载的变化情况，动态调整资源分配方案来解决。

### 7.2.2 高动态突发性负载

研究发现网络负载在请求到达时间方面呈现出动态变化的特点，并且这种动态性体现在不同的时间维度上（Mi et al., 2008；Singh et al., 2010）。图 7-4 显示了一天当中美国的网络服务运营商克拉克内特（Clarknet）的用户服务请求数量在不同时间维度上的变化情况。Clarknet 是美国东海岸巴尔的摩地区最大的网络服务接入运营商，图 7-4 中的数据为 Clarknet 某日 2 点到 24 点的访问量。从图 7-4 中可以看出，不管是以分钟还是小时为时间维度，用户服务请求的数量都呈动态波动性。以图 7-4（a）为例，从 2 点开始用户服务请求数量持续下降，凌晨 6 点达到访问量最低值，而从上午 8 点开始，用户的服务请求数量又呈现出快速增加的现象，在下午 4 点左右达到一天的最高峰。网络负载还具有突发性特点，即请求不可预知，如图 7-4（b）所示，在时间段[50,60]，用户服务请求数量大幅度下降后突然大幅度上升。这些突发负载将直接对服务器的性能造成灾难性的打击，导致服务器出现过载现象，不受控制的响应时间增加，甚至导致服务器宕机。导致突发性网络负载发生的因素有很多，如突发事件发生、重要的直播赛事播放，以及股票市场动荡等。以美国有线电视新闻网（Cable News Network，CNN）为例，在 2001 年 9 月 11 日恐怖袭击事件发生后的短短几分钟内，该网站的访问量突然大幅度增长。因此，在这种环境下，自适应控制方法要具备很强的鲁棒性来适应网络负载的动态突发性。

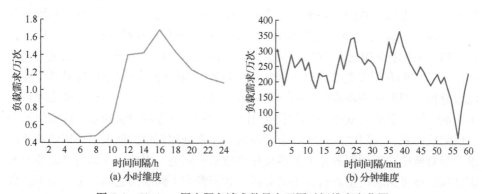

图 7-4　Clarknet 用户服务请求数量在不同时间维度变化图

## 7.3　性能和能耗的协同控制

传统的服务器能耗控制方法是在需要降低服务器耗电量的时候，通过将底层硬件设备的能耗状态级别从高能耗状态位调节到低能耗状态位来实现节能的目的。该方法的提出背景是当今服务器的大部分硬件（如 CPU、内存、硬盘）都配备了可调节能耗的运行模式。当设备处于高能耗状态位时会花费更多的电量来维持运行，相反，处于低能耗状态位时，服务器的大部分性能会损失。以 CPU 为例，为了能让 CPU 在空闲时降低能耗，CPU 硬件生产商通常为 CPU 设置几种不同的能耗模式，这些模式被统称为 C-state。C-state 设计的主要思想是当处理器处于闲置状态时，降低时钟频率和电压，甚至完全关闭它，以此达到降低能耗的目的，同时还可以对处理器进行"唤醒"操作，让它再次回到 100%的工作状态。因此，典型的服务器能耗控制方法通过调整服务器硬件的能耗状态位，来达到节能的目的。

上述方法并不适用于采用虚拟化技术的服务器环境。因为运行在同一台物理服务器上的多台虚拟机之间存在性能干涉的问题，如果只是根据某一个虚拟机的运行状态来调节物理服务器底层设备的能耗状态位，会影响到其他虚拟机的性能，因此这种方法在虚拟计算环境中是失效的，比如：在某一时刻，运行在同一物理服务器上的多台虚拟机可能运行在不同的状态，一部分虚拟机的负载较轻，另一部分虚拟机的负载较重，如果针对一个虚拟机进行节能控制，则势必会影响到其他虚拟机的性能。所以，必须对虚拟机的性能和耗电量进行协同控制。

一般情况下，数据中心会将工作负载分成交互式与批处理两种形式。交互式工作负载对应的服务多为即时性的请求，典型代表有在线游戏、网页浏览、金融交易等业务。这类业务对时延较为敏感，服务器的响应时延多在毫秒级。此外，交互式工作负载对处理的稳定性有着严苛的要求。为保证交互式工作负载的计算需求，数据中心与 IT 用户通常会签订 SLAs，对服务器的响应时延进行限制。批处理工作负载与交互式工作负载稍有不同，对应的典型业务为 MapReduce 作业、Spark 作业、AI 模型训练、大数据统计分析以及容灾备份等。此类负载对时延的敏感性不高，计算时间在数秒、数分钟乃至数小时不等，甚至个别可能达到一天以上。批处理工作负载的服务等级在大多数情况下低于交互式工作负载，因此批处理工作负载的处理在时间上具有较大的灵活性。工作负载混合部署的环境下，如果两类负载请求计算资源存在冲突，一般批处理工作负载会自动降级处理，优先满足交互式工作负载的处理需求。特殊情况下，还可中断批处理工作负载的计算过程，或者丢弃部分在算的进程，计算时间亦可做适当的延长。甚至，部分批处理工作负载可进行体量上的削减。

## 7.4　工作负载均衡调度技术

数据中心网络的拓扑一般为克洛斯网络（Clos network）结构，主机之间经常存在多条等价的冗余路径。数据中心为了满足各种应用需求会提供大量带宽资源。负载均衡的目的就是依据拓扑结构明确、路径资源冗余的特性，尽可能将流量在多条等价路径上均匀分布，避免网络拥塞，对网络资源进行充分利用。为实现数据中心的工作负载均衡调度，整理归纳的方法如下：①等价多路径（equal-cost multi-path，ECMP）策略。这是一种基于流的负载均衡路由策略，当路由器发现同一目的地址存在多条等价路径时，路由器会依据相应算法，将不同流量分布到不同的链路上，以提高网络带宽利用率。②随机数据包喷洒（random packet spraying，RPS）策略。这是一种基于包级别的负载均衡策略，当路由器发现同一目的地址存在多条等价路径时，将会以包为单位分布到各个链路上。与 ECMP 不同的是，RPS 是以包为单位的，ECMP 是以流为单位的，RPS 会将同一条流的不同包转发到不同的等价路径上。③Hedera 策略。这是一种基于软件定义网络（software defined network，SDN）的负载均衡系统，它通过动态预测大象流的带宽，利用模拟退火算法和全局首次适应算法对流量进行分配，控制位置在 SDN 的控制器中。这一策略的优势在于，利用 SDN 可以对网络进行全局的管控；这一策略的局限性在于，负载计算开销非常大，权衡性能之后能针对大象流进行调度。

## 7.5　云计算服务

近些年随着越来越多的云计算服务，如大数据、人工智能等应用向数据中心迁移，数据中心也需要越来越多的 IT 资源来满足日益增长的云计算服务需求，与 IT 资源的模块化属性和良好可扩展性不同，非 IT 资源较难扩展。随着用户计算需求的增加，数据中心 IT 资源需求逐渐增加，这导致非 IT 资源日益紧缺。一个典型的例子就是功耗配额，每个数据中心都有固定的功耗配额，功耗配额即为其内部机房供电线路的最大容量，数据中心运营商可以很方便地往数据中心增加服务器等设备，却往往需要花很大的成本来改装电力输送线路和升级电力分配系统。因此，目前数据中心必须思索"如何管理和调度功耗资源，来保证数据中心在不改变电力基础设施的情况下能够运行更多的应用和支持更多的服务器"这一问题。

云计算服务指的是将 IT 资源集中在数据中心中进行统一管理和调度，构成一个计算资源池向用户提供方便、分时、可共享的计算资源和服务。用户只需要通过网络按需购买所需要的计算资源和服务，专注于计算和应用软件的开发，无须担心计算机硬件配套的非 IT 基础设施建设和维护等复杂的过程。根据用户购买的计算资源和服务的不同，传统云计算服务可以分为基础设施即服务（infrastructure as a service，IaaS）、平台即服务（platform as a service，PaaS）以及软件即服务（software as a service，SaaS）三大类。随着容器和容器编排技术的发展与进步，功能即服务（function as a service，FaaS）成为云计算服务未来的发展趋势。

不同云计算用户购买云计算服务后，不同用户的应用在数据中心运行，不仅会共享和竞争 IT 资源，还会间接干扰非 IT 资源的管理和分配过程。由于 IT 资源和非 IT 资源具有相互依赖和影响的关系，数据中心 IT 基础设施调度和非 IT 基础设施的管理是相辅相成的。当用户请求计算资源的时候，计算资源的运转不仅会消耗处理器、内存、磁盘和网络等 IT 资源，还会消耗能源、制冷和备用电池等非 IT 资源。为了满足云计算用户的需求，保证和提升云计算应用的性能，通常需要提供充实的非 IT 资源保证服务器的正常、稳定运行。同时，用户行为的变化也将影响非 IT 资源的管理和分配。也就是说，用户对计算资源需求的增加必将导致数据中心内部非 IT 资源的不足，处理好 IT 资源和非 IT 资源的管理关系，是保证数据中心可用性和可扩展性的关键。

## 7.6　算　力　调　度

随着数字时代的迅猛发展，算力资源的有效管理和利用变得尤为关键。算力资源的动态调度及资源利用率的优化提升日益成为推动算力绿色发展的新方向。算力调度涉及构建一个智能化的调度平台，该平台综合算力、存储和网络资源，根据计算任务的具体需求，采用分布式、异构算力虚拟化、云原生等解决方案，实现资源的模块化部署、池化共享和智能化调度。此举不仅提升了计算资源的利用效率，也增强了系统的灵活性。进一步地，通过算力感知、算网编排和算力路由等先进技术，算力调度能够针对业务需求，全域实时地把握计算、网络和数据资源分布情况，包括云、边缘和端点设备。它动态计算出最优的协同策略和调度路径，减少无负载运行的闲置资源，显著降低设备运行成本和能源消耗。这种动态的资源调配和精准匹配，正逐渐成为推动算力绿色和高效发展的新趋势。

为响应这一趋势，各地正积极建设算力调度平台，中国部分算力调度平台建设情况见表 7-1。地方政府、科研机构、社会团体、算力企业以及互联网交换中心等多个主体正在积极布局算力调度领域。特别是自 2022 年底以来，"东数西算"工程国家算力枢纽节点启动算力调度工作，其他非枢纽节点地区也逐渐跟进。在企业层面，基础电信运营商和云服务商利用自身在网络和云资源上的优势，与产业链上下游合作建设算力调度平台，实现算网资源的智能调度和优化。第三方机构，如科研机构、社会团队和互联网交换中心等，虽然不直接拥有网络或算力资源，但以其中立的立场，更适合提供算力调度服务，特别是对于中小型网络服务商和算力服务商而言，促进了算力调度发展模式的创新。

表 7-1　中国部分算力调度平台建设情况

| 平台名称 | 地区 | 最新进展 |
| --- | --- | --- |
| 全国一体化算力网络长三角枢纽节点吴江算力调度中心 | 苏州 | 2024 年 6 月已正式启用 |
| 集群算力服务调度与采购平台 | 北京 | 2023 年 2 月已正式发布 |
| 南京城市算力网运营平台 | 南京 | 2023 年 2 月已正式发布 |
| 上海市人工智能公共算力服务平台 | 上海 | 2023 年 2 月已正式启用 |
| 庆阳—郑州高新区城市算力网 | 庆阳、郑州 | 2023 年 2 月已签署合作框架协议 |
| "东数西算"一体化算力服务平台 | 宁夏 | 2023 年 2 月已正式上线 |
| 郑州城市算力网 | 郑州 | 2023 年 2 月已启动建设 |
| 北京市算力互联互通和运行服务平台 | 北京 | 2024 年 9 月已正式启用 |
| 天翼云成渝枢纽重庆 3AZ 节点、天翼云重庆城市云、"东数西算"重庆算力调度枢纽 | 重庆 | 2023 年 3 月已正式发布 |
| 全国一体化算力网国家枢纽节点（内蒙古）和林格尔集群多云算力资源监测与调度平台 | 内蒙古 | 2025 年 1 月已正式上线 |
| 甘肃省算力资源统一调度平台 | 甘肃 | 2023 年 3 月已正式上线 |

算力与能源系统的协同调度对于实现绿色算力输出具有极为关键的作用。为了确保数据中心 80%的绿电使用并同时保证能源的高效利用，必须实现与电力系统的深度整合。源网荷储一体化模式能够精确控制用电负荷及储能资源，有效应对清洁能源的消纳问题以及由此引起的电网波动性问题。数据中心综合能源系统融合了多种能源资源和先进的能源管理技术，致力于数据中心能源的高效利用和管理。源网荷储一体化更多关注电力与储能的整合，并不足以应对突发的能源或负载波动。综合能源系统则可以通过统筹协调算力与电力资源，解决站点内能源生成、负荷和储存之间缺乏协同、能源运营效益未充分发挥的问题。比如，阿里巴巴与华北电力大学联手完成了行业内首次以促进可再生能源利用为目标的数据中心与电力系统协同调度项目。在电力系统的调峰信号引导下，成功地将位于江苏南通数据中心的部分算力负载转移至河北张北数据中心，跨区域实现了"算力-电力"优化调度的验证实验，显著提升了华北电网对可再生能源的消纳能力。此外，中国移动浙江公司创新引入了基于源网荷储一体化的通信站点能源体系，依

托该体系推进能源运营模式从传统的被动用电向主动调度转变。这些举措不仅展现了能源系统与算力调度的深度融合，也指明了实现绿色、高效算力输出的新路径。

## 参 考 文 献

曹雨洁, 丁肇豪, 王鹏, 等. 2022. 能源互联网背景下数据中心与电力系统协同优化(二): 机遇与挑战[J]. 中国电机工程学报, 42(10): 3512-3527.

王丹阳, 张沈习, 程浩忠, 等. 2023. 考虑数据中心用能时空可调的多区域能源站协同规划[J]. 电力系统自动化, 47(3): 77-85.

王永真, 韩艺博, 韩恺, 等. 2023. 基于知识图谱的数据中心综合能源系统研究综述[J]. 综合智慧能源, 45(7): 1-10.

王永真, 康利改, 张靖, 等. 2021. 综合能源系统的发展历程、典型形态及未来趋势[J]. 太阳能学报, 42(8): 84-95.

Mi N F, Casale G, Cherkasova L, et al. 2008. Burstiness in multi-tier applications: symptoms, causes, and new models[C]//Issarny V, Schantz R. Lecture Notes in Computer Science. Berlin: Springer: 265-286.

Singh R, Sharma U, Cecchet E, et al. 2010. Autonomic mix-aware provisioning for non-stationary data center workloads[C]//Parasha M, Figueiredo R, Kiciman E. ICAC '10: Proceedings of the 7th International Conference on Autonomic Computing. New York: Association for Computing Machinery: 21-30.

# 第8章 算力-能源协同发展的必然性

## 导 读

（1）数据中心的用能具有能耗强度高、冷量需求大、可靠性要求高、热电比稳定等特点。

（2）数据中心具备多方面的灵活潜力，数据中心参与需求侧响应的巨大潜能尚未被释放，存在与新型能源系统融合不够、低温余热未得到有效利用的问题。

（3）"东数西算"旨在通过优化数据中心的布局和资源配置，提升全国的算力水平，促进区域协调发展和绿色节能，"算力-电力-热力协同"已成为数据中心的新特征。

## 8.1 数据中心的用能特征

### 8.1.1 数据中心的能耗组成

电耗在数据中心运营开销中占比大。据测算，数据中心的运营成本中，电力成本占总运营成本的 57%以上。以 10 000 台 6 kW 机柜为例，IT 设备的功耗是 6 万 kW,加上空调等用电，以 PUE1.2 计算，每小时耗电量高达 6×1.2=7.2 万 kW·h;如果以 PUE1.3 计算，则耗电量为每小时 6×1.3=7.8 万 kW·h。对于国内很多 PUE 为 1.8 甚至更高的老旧大型数据中心而言，单个数据中心每小时耗电量会更高。除了数据中心本身的基础设施能耗外，数据中心需求的迅猛增长同样导致了与之相关的其他设施，尤其是网络通信设施的能耗显著增加。数据显示（Cisco, 2018），2016 年全球数据中心流量规模为 6.8 ZB，到 2021 年增长至 20.6 ZB，占全球产生流量的比重为 99.35%，全球仅 0.1 ZB 的流量不通过数据中心进行处理。同时，5G 的大规模应用，增加了移动互联网接入的数据量，对数据中心的业务起到了促进作用。截至 2022 年底，5G 基站数量达 231.2 万个，较 2021 年新增 88.7 万个，用户端更大的带宽、更高的速率，促进了互联网的应用，给数据中心带来了更大的负载压力，全国数据中心的能耗在 5G 开通之后，上了一个新台阶（陈敏等，2022）。

数据中心的电耗主要由四部分组成，分别为：IT 设备、空调系统、供配电系统，以及照明系统，由于不同数据中心存在个体性差异，各部分能耗在总能耗中所占比例也会略有差异，但是总的来讲，上述四个部分在总能耗中的占比排序保持不变。

（1）IT 设备：数据中心的 IT 设备大致包括服务器、存储器及网络设备，其能耗占数据中心总能耗的 50%左右。在 IT 设备能耗中，服务器能耗占比约为 50%，存储器能耗的占比约为 35%，各类网络设备能耗的占比最小，约为 15%。一般情况下，IT 设备功耗与数据中心的计算负载成正比，IT 设备功耗在数据中心总功耗中占比越高，意味着数据中心的能耗效率越高。

（2）空调系统：由于 IT 设备工作时会将其消耗的电能转化为热量，因此，数据中心需要配备空调系统用以将设备温度控制在一定范围内，从而保证 IT 设备的稳定运行。目前主流数据中心所采用的冷却方式多为精密空调制冷，空调系统的制冷能耗一般会占到数据中心总能耗的 35%左右，能耗占比接近于 IT 设备能耗。因此，在不影响 IT 设备性能的前提下降低数据中心的冷却能耗，是学术界和工业界用以提高数据中心能源利用效率的重要途径。

（3）供配电系统：数据中心的特殊性在于其意外断电后会产生不可预料的后果，为确保 IT 设备供电的安全稳定，供配电系统通常会配置至少一套 UPS 电源。在日常运行过程中，供配电系统所产生的能耗约占到数据中心总能耗的 10%，其中有 7%产生于 UPS 供电过程，另外 3%产生于 UPS 充电过程。

（4）照明系统：照明系统是数据中心的必要设备，其能耗占数据中心总能耗的 5%左右。相对于 IT 设备、空调系统和供配电系统，照明系统能耗的占比最小，同时其功耗也较为固定。

### 8.1.2 数据中心的能耗特征

相对一般民用型公共建筑，数据中心的用能特征如图 8-1 所示。

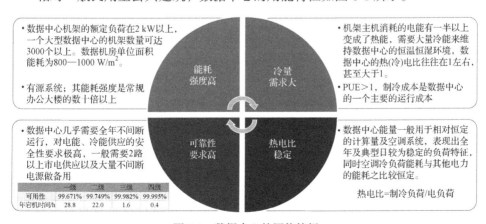

图 8-1 数据中心的用能特征

（1）能耗强度高（能耗总量大、单位电耗强度高）：数据中心机架的额定负荷在 2 kW 到 8 kW 之间，随着大模型及高功率密度芯片的发展，机架功率将不断增大。大型数据中心的机架数量可达 3000 个以上，加上其备用的电池和柴油发电机装置，总耗电装机在 10 MW 级以上。受土地费用及建筑容积的影响，其能耗强度是常规办公大楼的数十倍乃至百倍以上。

（2）冷量需求大（散热总量大、多设备散热品位低）：根据能量守恒定律及欧姆生热机制，机架主机消耗的电能在服务存储和计算的同时，几乎都转换为了热能。为了保障主机的安全运行，需要大量的冷能来维持数据中心的恒温恒湿环境，且数据中心余热属于中低温热源，热能品位低、做功能力弱，其再利用需要协同适配的余热利用技术。

（3）可靠性要求高（不间断运行要求、电能冷能供应安全性要求高）：数据中心需要全年不间断运行，对电能冷能供应的安全性要求极高，一般需要 2 路以上市电供应，以及需要大量柴油机和电化学储能做备用 UPS。这些设备不仅占地面积大，且需要备用燃油和适宜随时启动的热环境。例如，《数据中心设计规范》要求，A 级数据中心应由双重电源供电，并应设置备用电源。中、低压配电柜以及变压器、UPS、列头柜，均采用双套容错配置，另配置中压柴油发电机作为后备电源。柴油发电机另需要 12 小时的备用容量。

（4）热电比稳定（业务负荷特性强、负荷特征稳定）：传统存储、业务型数据中心能量一般用于较为恒定的业务计算量及空调系统，表现为全年及典型日稳定的负荷曲线，同时空调冷负荷能耗与其他电力的能耗之比（即热电比）基本恒定。随着智算数据中心的发展，数据中心的业务负荷曲线将具备一定的波动性，如预训练的一些智算业务可以被灵活转移。

另外，由于电力的使用以及冷却系统使用过程中的蒸发、放空、清洗过程，数据中心水耗大。其中，水利用效率是数据中心的年度用水量除以 IT 设备的能耗。2021 年，仅在美国的数据中心就消耗了 127 亿 L 淡水用于冷却，其中约 90% 都是可饮用水。2021 年微软公司全球用水量飙升了 34%（达到近 17 亿 gal，或超过2500 个奥运会游泳池储水量）（王继业等，2019）。

## 8.2　构建算力综合能源的必要性

### 8.2.1　数据中心的能源灵活性潜力

一方面，在新型能源系统下，数据中心基于自身的灵活性资源，能够实现与电力和热力的灵活互动，以应对能源系统的变化。通过需求响应等方式减少用电量可带来巨大的经济效益潜力，运营商具有参与需求响应项目的动机。另一方面，国内外数据中心参与需求响应项目已有现实案例（附录 1），如 2020 年 8 月，中国电信杭州分公司数据中心参与国网杭州供电公司的需求响应，削减负荷达 1.05 万 kW（中国新闻网，2020）。阿里巴巴和华北电力大学联合实现将江苏南通数据中心的部分算力负载转移至河北张北数据中心，完成跨区域"算力-电力"优化调度验证试验。该试验使南通机房相关电力负荷下降约 100 kW，约 150 kW·h 电量转移至张北机房，提升了该时段华北电网可再生能源消纳能力。位于萧山的中国电信杭州大数据中心完成了全省首家数据中心的电力需求响应，1 小时"让"出的 10 500 kW 负荷，可以为 5000 户居民提供生活用电，数据中心因此获得补贴 65 600 元（刘舒晨，2020）。多地也开始考虑源网荷储一体化数据中心园区的建设。

新型能源系统下，将更高比例的可再生能源纳入电网，需要在发电侧和需求侧有更大的灵活性，而数据中心则在多方面具有灵活性潜力：①数据中心负荷的可调节潜力巨大。中国数据中心的数量约 7.4 万个，占全球总量的 23%，2021 年用电量达 2166 亿 kW·h。实际上，为应对如"双十一"购物、节假日在 12306 软件上购票等高峰需求，一些数据中心的服务器存在容量过度配置的情况。这间接导致在非高峰期，数据中心的服务器也存在利用率偏低的问题，如数据中心内多达 30% 的服务器处于休眠状态，处于活跃状态的服务器典型利用率不超过 18%（科技日报，2021）。②数据中心本址内具有大量处于基本闲置的柴油发电机、UPS、蓄冷装置，以及大量的中低温余热，如何激发这些能源资源装置的增值价值潜力，已经成为数据中心增强电力系统以及热力系统灵活性的思考。③数据中心电耗大、强度高，相比于只能存储 70 kW·h 左右电能的新能源车辆的汽车到电网（vehicle-to-grid，V2G）或者工业数字化程度不高的工业负荷，数据中心兼有单体可调度资源大、数字化程度高以及参与度高的优点。④智算数据中心负荷的时空调节性能优异。由于用户的需求差异，数据中心的数据负荷具有较大的随机性和不确定性，可大致分为延迟容忍型和延迟敏感性，分别对应为交互式工作负载与批处理工作负载，批处理工作负载由于存在较大的容忍延迟特性，只需在规定的时间内处理完毕即可，因此对于这部分负载可以适当进行时间维度上的转移。此外，如腾讯、微软等大型互联网公司拥有多个分布在全球的 IDC，同一企业拥有的多个 IDC 之间可以通过光纤、宽带实现数据负载在空间维度上的跨域转移。

### 8.2.2　数据中心能源设计的烟囱化

总结来看，在"双碳"愿景及新型能源系统建设的新发展格局下，从算力能源系统层的视角看，中国数据中心高质量可持续发展仍面临着以下三个主要问题。

一是数据中心与新型能源系统的融合度不够，数据中心能源的规划未能与当地能源规划实现协同。受制于数据中心、信息通信、电力输配、能源规划、隔墙售电、政府统管等部门的烟囱式规划和运行，数据中心的能源供应以中长期交易的火电为主，且独立规划运行，电力网仅考虑数据中心的报装容量和电费收取，热力网也未将数据中心的余热供热或供冷考虑进来，造成能源规划的重复建设。同时，受限于高供电可靠性的要求，数据中心风、光、水等可再生绿电的供应占比不高，由此造成中国数据中心的单位耗电量的碳排放强度高。随着新型能源系统的建设，各地在开发可再生能源的同时，要求引进产业，数据中心理论上是一个既能消费可再生能源，又能起到产业引进作用的优质载体，同时符合国家的"东数西算"战略。比如，将 2023 年数据中心可再生能源的电力消费占比提高至 30%，可避免 10 个左右 600 MW 火电厂的建设，相当于一年减少二氧化碳排放约 1600 万 t。

二是数据中心参与需求侧响应的巨大潜能尚未被释放，新型能源系统呼唤算力网与电力网的互动。调研发现，数据中心的 IT 设备、配电系统及制冷设备的冗余量通常都是按照 2N、N+1 等模式制定（N 代表满足系统基本运行需求的最小设备数量），实际运行过程中，资源利用率不高。数据中心要求配置数量可观的不间断电源和备用发电机组，不间断电源设备由于 2N 或者 N+1 的设备冗余配置，正常运行情况下负载率较低。备用发电机组由于停电次数很少，平时处于冷备状态。同时，一些闲置的计算资源没有根据其所在电力市场的价格特性进行优化调节，导致数据中心的宕机电力消耗大，数据中心电耗费用占总运维费用的 60% 以上。比如，根据人民日报的报道，2020 年底广东省 2.5 kW 标准机架的不间断电源和备用发电机组总容量达到 375 万 kW，其调节功率占到了广州市用电负荷峰值的 30%。中国 IDC 圈调研发现，多数数据中心从业者认为中国数据中心算力网与新型能源系统电力网的互动程度还远远不足，数据中心算力的时空转移能力以及数据中心内部可调资源的巨大潜力还几乎没有被发掘。同时，新能源新应用在数据中心落地方面面临监管上空白的问题，一定程度上缺乏牵头部门推动企业项目落地。相比于国外，中国数据中心相关新能源落地的标杆项目、实际运营优良项目缺乏，数据中心新能源的生态圈影响力不够。

三是数据中心能源消费侧海量中低温余热未能得到有效利用，表现出新型能源系统下数据中心算力网与热力网的协同不足。数据中心在消费巨量电力的同时，其 GPU、CPU 以及辅助电力电子设备散发出大量 25—100 ℃ 的中低温余热，且散热强度高达 10 000 W/m²，其强度高于传统建筑热需求数百倍。目前多采用压缩式制冷实现数据中心散热的搬运，但这造成了高品质电力的消耗和散热的浪费。假如这些余热通过热泵升温用于周边建筑供暖，即可实现算力与热力的协同。例如，中国北方地区数据中心可回收余热总量约为 10 GW，可实现 3 亿 m² 左右的建筑供暖，以及实现二氧化碳减排约 1000 万 t。相反，南方地区数据中心及其周边需要大量的冷负荷，如能够利用吸收式制冷技术直接回收数据中心的余热，这将给数据中心 PUE 及经济性带来革命性的改善,并使数据中心综合能源服务的价值增长。调研发现,中国数据中心余热的利用发展相对滞后,数据中心算力网与余热供暖和制冷的协同技术、机制及模式较为缺乏。

### 8.2.3　算力综合能源的愿景

2013 年至 2023 年,中国以年均 3.3%的能源消费增速支撑了年均 6.1%的经济增长,能耗强度累计下降 26.1%,是全球能耗强度降低最快的国家之一(王永真等,2021)。从国家总体部署看,数据绿色集约化发展与布局要求也已明确,多部门提出"引导数据中心走高效、清洁、集约、循环的绿色发展道路"[①],"鼓励使用风能、太阳能等可再生能源,通过自建拉专线或双边交易,提升数据中心绿色电能使用水平,促进可再生能源就近消纳"[②],"构建能源算力应用中心赋能新型电力系统建设""'算力+能源'协同助力算力经济绿色发展"[③]等,要求实现数据中心节能减碳的同时,与新型能源系统的建设进行有效协同。

综合能源系统作为新型能源系统下的重要组成部分,强调不同类型的能源资源之间的协同作用及能量梯级利用,以提高可再生能源接入比例、整体系统的能效和能源系统运行的安全可靠性能(图 8-2)。国际上,美国能源部提出了综合能源系统相关发展计划,开展了用户侧冷、热、电负荷的需求侧响应和管理;德国政府启动的 E-Energy 计划,通过运用需求响应、智能调度、储能等技术,依托电力市场互动激励,消纳高比例可再生能源;日本建立的智能工业园区示范工程,将电力、燃气、供热/供冷等多种能源系统有机结合,通过多能源协调调度,提升企业能效、满足用户对多种能源的高效利用需求。"十三五"期间,中国政府陆续批准了首批 23 个多能互补集成优化示范工程项目、首批 55 个"互联网+"智慧能源

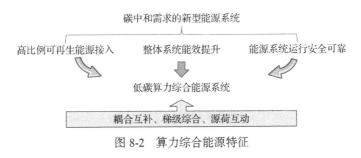

图 8-2　算力综合能源特征

①《三部门关于加强绿色数据中心建设的指导意见》,https://www.gov.cn/xinwen/2019-02/14/content_5365516. htm,2019-02-14。

②《贯彻落实碳达峰碳中和目标要求 推动数据中心和 5G 等新型基础设施绿色高质量发展实施方案》, https://www.ndrc.gov.cn/xwdt/tzgg/202112/P020211208390176098563.pdf,2021-12-08。

③《【专家观点】"算力+能源"支撑能源行业发展》,https://www.ndrc.gov.cn/wsdwhfz/202402/t20240206_ 1363976.html,2024-02-06。

（能源互联网）示范项目（王永真等，2020）、首批 28 个新能源微电网示范项目。

在"双碳"新型能源系统背景下，数据中心作为数字经济中不可或缺的基础设施之一，其可持续发展也备受关注，绿色算力的发展给算力综合能源的构建也提供了无限潜力（王江江等，2023）（图 8-3）。其一，以现场可编程门阵列（field-programmable gate array, FPGA）、神经网络处理单元（neural processing unit, NPU）、张量处理单元（tensor processing unit, TPU）、数据处理单元（data processing unit, DPU）、智能处理单元（intelligent processing unit, IPU）等异构芯片为代表的异构计算不断演进，有望成为绿色算力落地的关键技术。其二，从中国视角，面向算力需求提供调度能力，盘活闲散资源，进一步增强算力对于需求的并发处理效能，通过缩短计算时长降低能源消耗，推动绿色算力的实现成为趋势。其三，AI 技术与算力中心深度融合，实现基础设施智能管理。AI 技术与绿色算力深度融合，实现性能更优、功耗更低的大模型训练，加快算法基础设施普及，加速智能应用创新。其四，预计到 2028 年，人工智能所消耗的算力，将占到算力消耗总量的 80%以上，意味着将有大量的泛在可容忍转移的冷数据出现，算力与电力的互动将存在巨大空间。其五，数据中心内部备用的 UPS 储能、柴油发电机以及可能的蓄冷设备、虚拟储能的资源调度潜力在新型电力系统下有了新的创造价值，不再单单是备用的低利用率设备资源。

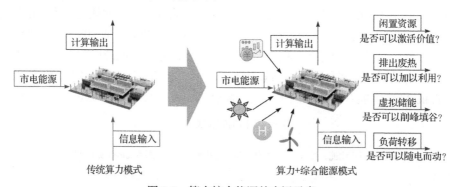

图 8-3　算力综合能源的内涵示意

可见，在传统的数据中心能源系统中，上游供电、中游算力设备、下游冷却系统缺乏集成优化，这种分块而治的现状，是导致源头供电排放高、下游余热排放浪费等问题的原因之一。因此，在新型能源系统趋势下，需要从系统化的视角出发，即将系统中的各个部分视为一个整体，而不是孤立的单元，通过"梯级利用""多能互补""源荷互动""互联互济"，将冷、热、电等多方面能源需求有机地结合在一起，即围绕数据中心构建算力综合能源，将成为新型能源视角下数据中心发展的新趋势。进而，数据中心算力"数据流"、电力能源系统"能量流"、热力消费"热流"相互融合、互相影响的能质转换和能级匹配关系，以及实现三者的协同耦合与多目标下的最优化运行就成了数据中心节能减排与提质增效的关键。

《关于深入实施"东数西算"工程加快构建全国一体化算力网的实施意见》《数据中心绿色低碳发展专项行动计划》《加快构建新型电力系统行动方案（2024—2027年）》等政策文件，均提出电算协同的崭新发展方向。"十四五"规划与国家重点研发计划项目中均未有该研究方向。"西电东送"与"东数西算"协同，是落实国家重大战略的迫切要求。"东数西算"工程通过引导算力需求向西部清洁能源基地迁移，推动绿色低碳电源中心与算力资源供给中心协同建设，形成"电算一体"的新型供能体系。充分利用西部冷凉的气候和丰富洁净的电力资源，建设一批超算工厂，形成超算、智算乃至未来量子计算相结合的低成本算力网络，同时通过新能源大基地项目的建设满足算力节点的低价绿电需求和综合能源调控需求，既满足了数字中国建设对算力生产要素的需求，同时又解决了局部地区新能源消纳难题，是实施数字中国战略与实现"双碳"目标的重要举措。电算协同是国家战略所需，是落实国家能源安全、数字中国战略布局和实现"双碳"目标的重要举措。一方面，人工智能、AR/VR等新技术的发展需要超高算力支撑，另一方面，数据中心高耗能对电力系统规划、运行等多方面提出了较高要求。以当前技术水平为例，中国受到智算芯片禁售制约，国产智算芯片如果达到 NVIDIA 同等算力水平（以华为昇腾910B和英伟达H100测算），算力能耗和配供电基础设施建设运营投资须至少增加一倍，电力系统的支撑能力将严重影响中国算力的发展规模，进而影响国家经济发展效率。电算协同通过对可再生能源进行调度等手段，确保数据中心等算力设施能够获得稳定和绿色的电力供应，保障算力基础设施的安全稳定。

## 8.3　能源视角下数据中心的发展趋势

"双碳"愿景及新型能源系统建设的新发展格局及能源视角下，作为支撑数字经济算力基础设施的中国数据中心呈现出绿色发展和融合发展的新趋势。

### 8.3.1　"东数西算"的基本逻辑

"东数西算"工程是中国在数字化转型过程中提出的一项重要战略，旨在通过优化数据中心的布局和资源配置，提升全国的算力水平，促进区域协调发展和绿色节能。"东数西算"工程就是把东部地区的非实时算力需求以及大量生产生活数据输送到西部地区的数据中心进行存储、计算并反馈，希望构建更绿色、更平衡和更高效的国家算力网络体系，以满足新时代各行各业数字化转型需求。可以预见，"东数西算"工程未来将发挥与"南水北调"工程（建设国家高品质水网）、"西电东送"工程（建设国家高品质电网）、"西气东输"工程（建设国家高品质气网）相当的重要作用和价值，并与西部发展、生态文明建设和"双碳"目标等当前重大战略决策休戚相关、同步发展。

从数据中心的角度来看，自 2021 年起，国家发展改革委等多部门联合印发方案，统筹布局国家枢纽节点，将网络时延要求不高的数据中心，优先向贵州、内蒙古、甘肃、宁夏等节点进行转移。笔者认为，将时延要求不高的数据中心向西部转移是为了优化资源配置，东部地区如上海、京津冀等地区，土地、能源等资源相对紧张，大规模发展数据中心难度较大，西部地区可再生能源丰富，气候适宜，具备发展数据中心的潜力。同时，东部地区电力成本较高，而西部地区电力资源丰富且成本较低，在西部地区建设数据中心，可以降低运营成本，提高数据中心的经济性。数据中心向西部转移还能带动西部地区的经济发展，促进东西部协调发展，这一举措同样符合国家推动区域均衡发展的战略目标。另外，在西部地区建设数据中心集群，可以形成规模化、集约化的数据中心布局，提升整体的算力水平和服务能力。

《全国一体化大数据中心协同创新体系算力枢纽实施方案》提出统筹围绕国家重大区域发展战略，根据能源结构、产业布局、市场发展、气候环境等，在京津冀、长三角……布局建设全国一体化算力网络国家枢纽节点。2022 年 2 月全面实施"东数西算"工程，布局算力调度。自此以来，"东数西算"相关的枢纽节点（包括京津冀、长三角、贵州、成渝、宁夏、甘肃等），陆续成立算力调度中心或者全国一体化算力网络国家枢纽节点。"东数西算"推动数据中心集群向清洁能源基地迁移，实际上是引导"算随电走"，将有效推动绿色低碳电源中心与算力资源供给中心协同建设，形成"算电一体"的新型供能体系。因此，《算力基础设施高质量发展行动计划》提出"算力+能源"的发展模式，即：加快建设能源算力应用中心，支撑能源智能生产调度体系，实现源网荷互动、多能协同互补及用能需求智能调控。内蒙古、河北、青海、广西、广东、山西等地也陆续推出数据中心源网荷储一体化的政策。

在"东数西算"工程中，还需要推进东部、中部、西部算力的一体化协同，提升算力网络传输效能，探索算网协同运营机制，构建跨区域算力调度体系。这包括加快建设跨区域、多层次的算力高速直连网络，推进算网深度融合，以及建立跨区域算力资源调度机制，促进东中西部算力资源实现供需平衡。总之，实施"东数西算"战略，优化数据中心布局、提升能源使用效率、加强安全技术、推动低碳运营和算力资源协同，可以有效降低数据中心的能耗，促进数字经济的绿色发展。

算力调度是指在分布式计算系统中合理分配和利用计算机资源的过程，其主要目的是提高计算机资源的利用率，减少资源浪费，保证任务的高效执行。也就是基于算网大脑，进行全网算力资源的智能编排、弹性调度。就目前情况来看，算力调度中心具有局限性。具体表现为算力调度中心仅以算为对象，未能与电力市场耦合。"东数西算"目的就是通过区域的算力调度，实现算力需求侧和供给侧的匹配，通过对算力的调度，使得一定范围内算力的需求和供给达到平衡，同时提升不同地区的算力利用率，满足客户对算力的多样化需求。

2023 年 12 月，国家发展改革委、国家数据局等五部门联合印发《关于深入实施"东数西算"工程加快构建全国一体化算力网的实施意见》，提出"到 2025 年底，普惠易用、绿色安全的综合算力基础设施体系初步成型，东西部算力协同调度机制逐步完善，通用算力、智能算力、超级算力等多元算力加速集聚"等一系列目标。2022 年 2 月，据国家发展改革委官网消息，国家发展改革委等同意在京津冀、长三角、粤港澳大湾区、成渝、内蒙古、贵州、甘肃、宁夏等八大算力枢纽启动建设国家算力枢纽节点，并规划了十个国家数据中心集群（表 8-1）。

表 8-1　算力枢纽及国家数据中心集群

| 八大算力枢纽 | 十大国家数据中心集群 |
| --- | --- |
| 京津冀枢纽 | 张家口集群 |
| 宁夏枢纽 | 中卫集群 |
| 内蒙古枢纽 | 和林格尔集群 |
| 甘肃枢纽 | 庆阳集群 |
| 成渝枢纽 | 重庆集群 |
| | 天府集群 |
| 长三角枢纽 | 长三角生态绿色一体化发展示范区集群 |
| | 芜湖集群 |
| 贵州枢纽 | 贵安集群 |
| 粤港澳枢纽 | 韶关集群 |

实施"东数西算"工程，对于推动数据中心合理布局、优化供需、绿色集约和互联互通等意义重大。一是有利于提升国家整体算力水平，通过全国一体化的数据中心布局建设，扩大算力设施规模，提高算力使用效率，实现全国算力规模化集约化发展。二是有利于促进绿色发展，加大数据中心在西部布局力度，将大幅提升绿色能源使用比例，就近消纳西部绿色能源，同时通过技术创新、以大换小、低碳发展等措施，持续提升数据中心能源使用效率。三是有利于扩大有效投资，数据中心产业链条长、投资规模大、带动效应强。算力枢纽和数据中心集群

建设，将有力带动产业上下游投资。四是有利于推动区域协调发展，算力设施由东向西布局，将带动相关产业有效转移，促进东西部数据流通、价值传递，延展东部发展空间，推进西部大开发形成新格局。

### 8.3.2 数据中心的低碳发展

美国政府制定《数据中心优化倡议》（Data Center Optimization Initiative，DCOI）、《美国联邦数据中心整合计划》（Federal Data Center Consolidation Initiative，FDCCI）、《联邦信息技术采购改革法》（Federal Information Technology Acquisition Reform Act，FITARA）等一系列政策和法规，通过整合和关闭数据中心、设定数据中心 PUE 及服务器使用率具体标准、退役老旧机器等方式，大幅减少数据中心数量和降低 PUE 值，要求既有数据中心的 PUE 达到 1.5，新数据中心为 1.4。2023 年德国出台《能源效率法》（Energy Efficiency Act），要求 2026 年7月或之后开放的数据中心 PUE 达到 1.2，从 2025 年起新建的数据中心余热回收率达到 30%。新加坡发布的《绿色数据中心路线图》（Green Data Centre Roadmap）提出提高冷却设备效率、IT 设备温湿度耐受能力、数据中心的资源调度和负荷分配集成优化能力等建议。在推进算能协同方面，美国俄勒冈州提出数据中心清洁能源新标准，规定到 2027 年将数据中心用电产生的温室气体排放量减少 60%，到 2040 年减少 100%，即实现碳净零排放。欧盟通过《欧洲绿色协议》（European Green Deal）设定了到 2030 年数据中心能源效率提升至少 30%的目标，并要求新建设施必须达到严格能效标准。同时，欧盟通过绿色债券、碳交易等工具为数据中心绿色改造提供资金支持。

支持数据中心企业绿色转型，国家"双碳"目标要求数据中心绿色化发展。国家发展改革委等五部门印发《关于严格能效约束推动重点领域节能降碳的若干意见》，首次在国家层面将数据中心与传统八大"两高"（高耗能、高排放）行业（煤电、石化、化工、钢铁、有色金属冶炼、建材、造纸、印染）并列纳入重点推进节能降碳领域，对数据中心节能减排要求进一步升级。随后，数据中心产业进入高质量转型期，国家主要政策对数据中心"集约化""绿色化""算力化"提出了高要求，建设低碳、绿色数据中心可谓势在必行。数据中心产业呈现布局向西部迁移加快、存量改造需求涌现、节能低碳要求更高、算力服务兴起等趋势。比如，"东数西算"政策明确要求到 2025 年，东部枢纽节点数据中心 PUE＜1.25，西部枢纽节点数据中心 PUE＜1.2，实际上很多省份数据中心项目可研审批均要求设计 PUE 在 1.2 以下。同时在各大节点绿色节能示范工程实施推动下，数据中心建设低碳化进程有望进一步加快，通过本地化绿电建设或者绿电交易的方式，数据中心可再生能源利用率有望快速提升。根据国际环保组织绿色和平研究，2018年中国数据中心火电用电量占其总用电量的 73%，而中国数据中心可再生能源使用比例仅为 23%，低于中国市电中可再生能源使用比例 26.5%。《新型数据中心发展三年行动计划（2021—2023 年）》提出：鼓励企业探索建设分布式光伏发电、燃气分布式供能等配套系统，引导新型数据中心向新能源发电侧建设，就地消纳新能源，推动新型数据中心高效利用清洁能源和可再生能源、优化用能结构，助力信息通信行业实现碳达峰、碳中和目标。

### 8.3.3　算力与电力的协同发展

集中式和分布式的高比例风、光等新能源的供给与消费，将导致电力系统呈现高频的峰谷变化及不确定性，电力系统急需大量可调灵活性资源参与新型能源系统的峰谷调节。截至 2023 年 9 月 23 日，中国风、光新能源装机已攀升至近 9 亿 kW，风、光新能源的发电量渗透率达到了 13% 左右。新能源的不确定性导致越来越多的需求侧灵活性资源参与新型电力系统的需求响应。因此，《工业领域电力需求侧管理工作指南》建议用能单位根据自身条件，建立完善内部需求响应制度及实施方案，改变用电方式、调整用电负荷，自主决策参与电力需求响应。《电力需求侧管理办法（2023 年版）》要求：到 2025 年，各省需求响应能力达到最大用电负荷的 3%—5%，其中年度最大用电负荷峰谷差率超过 40% 的省份达到 5% 或以上。《国家能源局关于加快推进能源数字化智能化发展的若干意见》指出，以数字化智能化电网支撑新型电力系统建设，加快推动负荷侧资源参与系统调节。不难想象，以上政策将激发数据中心算力网与领域电力网、热力网的协同互动，产生巨大价值。

在此背景下，"算力+"的新技术、新模式和新业态逐渐进入科技界和产业界的视野。当下人们愈发意识到，数据中心的建设和运营不仅要考虑其物理安全、架构冗余等因素，还要在选址布局、规划设计、运营管理等全生命周期内，关注其绿色、经济、灵活、可靠的运行特质，进而从系统化的视角，综合考虑与其配套的能源电力资源、周边用户特性以及区域产业规划，从而践行数据中心可持续发展的社会责任。因此，《算力基础设施高质量发展行动计划》提出持续开展国家绿色数据中心建设，鼓励企业加强绿色设计，加快高能效、低碳排的算网存设备部署，推动软硬件协同联动节能。支持液冷、储能等新技术应用，探索利用海洋、山洞等地理条件建设自然冷源数据中心，优化算力设施电能利用效率、水资源利用效率、碳利用效率，提升算力碳效水平。同时，深化算力赋能行业应用。《算力基础设施高质量发展行动计划》还提出了"算力+能源"的业务赋能模式，具体内容为：加快建设能源算力应用中心，支撑能源智能生产调度体系，实现源网荷互动、多能协同互补及用能需求智能调控。推动鼓励龙头企业以绿色化、智能化、定制化等方式高标准建设数据中心，充分利用现有能源资源优势，结合自身应用需求，提供"能源流、业务流、数据流"一体化算力（图 8-4）。

- 加快部署工业边缘数据中心
- 构建工业基础算力资源和应用能力融合体系
- 推进算力赋能新型工业化建设应用

工业

教育
- 鼓励科研院所根据需求适度建设算力资源
- 推进公共算力资源覆盖校园

- 构建多节点并行的分布式算力资源架构
- 开发部署智能边缘算力节点

金融

算力+

医疗
- 统筹建设国家和省级医疗大数据中心
- 完善区域全民健康算力平台
- 加快基层卫生健康边缘数据中心建设

- 加快"中心–区域–边缘"多层级算力设施部署
- 为低时延高可靠应用提供灵活高效的算力支撑

交通

能源
- 加快建设能源算力应用中心
- 提供"能源流、业务流、数据流"一体化算力

图 8-4　　"算力+"发展模式

## 参 考 文 献

陈敏, 高赐威, 郭庆来, 等. 2022. 互联网数据中心负荷时空可转移特性建模与协同优化: 驱动力与研究架构[J]. 中国电机工程学报, 42(19): 6945-6958.

国家互联网信息办公室. 2023. 《数字中国发展报告(2022 年)》[EB/OL]. https://www.cac.gov.cn/2023-05/22/c_1686402318492248.htm[2024-11-08].

金鹿. 2023. 人工智能爆火导致用水量飙升; 问 ChatGPT 50 个问题, 耗水 500 毫升[EB/OL]. https://news.qq.com/rain/a/20230911A00Z0E00[2024-11-08].

科技日报. 2021. 实现"双碳"目标, 算力需与电力协同[EB/OL]. https://tech.gmw.cn/2021-11/11/content_35302834.htm[2024-11-08].

刘舒晨. 2020. 全省首家电信数据中心完成电力需求响应接入[EB/OL]. https://www.xsnet.cn/news/xs/bmxw/2020/7/3253070.shtml[2024-11-08].

王继业, 周碧玉, 张法, 等. 2019. 数据中心能耗模型及能效算法综述[J]. 计算机研究与发展, 56(8): 1587-1603.

王江江, 邓洪达, 刘艺, 等. 2023. 数据中心综合能源系统配置与运行的集成优化[J]. 科学技术与工程, 23(5): 1968-1977.

王永真, 康利改, 张靖, 等. 2021. 综合能源系统的发展历程、典型形态及未来趋势[J]. 太阳能学报, 42(8): 84-95.

王永真, 沈俊, 韩恺. 2023. 算力-电力-热力协同: 数据中心综合能源技术发展白皮书[R]: 北京: 北京理工大学.

王永真, 张宁, 关永刚, 等. 2020. 当前能源互联网与智能电网研究选题的继承与拓展[J]. 电力系统自动化, 44(4): 1-7.

中国新闻网. 2020. 国网浙江电力: 建设高弹性电网 构建省级能源互联网[EB/OL]. https://www.chinanews.com.cn/cj/2020/09-26/9300564.shtml[2025-04-29].

Cisco. 2018. 全球云数据中心发展预测白皮书 2016~2021[EB/OL]. https://blog.csdn.net/j6UL6lQ4vA97XlM/article/details/90032788[2024-11-08].

# 第9章 算力-电力-热力协同的内涵与外延

## 导 读

（1）算力综合能源是指数据中心通过梯级利用、多能互补、源荷互动、互联互济理念的算力、电力、热力资源的统一规划建设，用以提升数据中心等算力基础设施的资源利用效率的一体化服务。

（2）算力综合能源实际上以多链条交叉的节能减排为愿景，互动方式可分为算力与电力的互动、算力与热力的互动以及三者之间的互动。

（3）数据中心的评价将由单一的电能使用效率，走向包含碳使用效率、水资源利用效率、可再生能源利用率、空间利用效率等在内的多个指标的综合评价。

## 9.1 算力综合能源的内涵与理念

算力-电力-热力协同，即构建不同维度的算力综合能源。得益于多能流耦合、多系统融合、多区域联合的广泛互联形态和多环节、多主体、多时间尺度的深度互动机制，综合能源系统通过"源网荷储"有效互动以及"多能互补"梯级利用等技术，能够有效促进清洁能源消纳、提升能源利用效率、降低碳排放水平，为前述算力网与电力网、热力网三网互动数据中心供能模式创新提供了新思路（韩俊涛等，2022；冯成等，2020）。同时，同主体乃至多主体的数据中心在算力、算力使用时间以及空间维度上实现深度互动，在支撑算力与电力、热力互动、耦合的同时，给算力网、电力网、热力网的三网互动创造了条件（Liu et al., 2023）。

### 9.1.1 算力综合能源的内涵

就数据中心而言，算力综合能源（图 9-1），是指通过利用综合能源系统的理念、技术和模式，在满足算力服务的基本业务基础上，打通数据中心上、中、下游的算力、电力、热力资源的烟囱式规划、建设和运维，以提升数据中心等算力基础设施的资源利用效率与使用效益、促进本址内外可再生能源消纳、推动数据中心及其园区能源绿色低碳转型为目标，以实现数据中心算力基础设施本址算力与其对应的电力和热力的一体化服务。

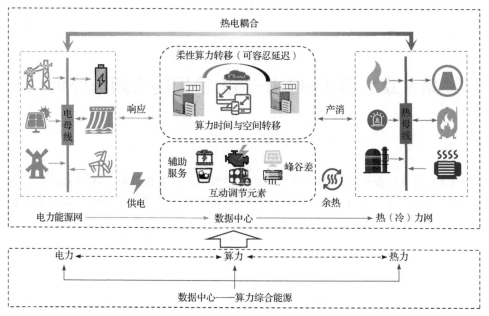

图 9-1　算力综合能源示意（园区级）

### 9.1.2　算力综合能源的理念

1. 能的梯级利用

能的梯级利用是指按照能的品位对口原则安排算力综合能源能量流逐级分配，典型技术包括但不限于冷热电联供、余热回收、总能系统、综合能源系统等。

2. 能的多能互补

能的多能互补是指采用数据中心算力本址内外异质能源的时间和空间的互补特性，实现多种能源系统的集成与优化，典型技术包括但不限于多能互补、集成优化。

3. 能的源荷互动

能的源荷互动是指通过数据中心数据流与能源流之间以及能源流在源、网、荷之间的双向互动实现能源系统的灵活运行，典型技术包括但不限于虚拟电厂、需求侧响应、需求侧管理、算力转移、源网荷储一体化等。

4. 能的互联互济

能的互联互济多指集中式与分布式算力综合能源或跨行业系统之间的协同互济，实现不同能源系统的开放共赢，典型技术包括但不限于能源互联网、新能源微电网。

## 9.2　算力综合能源的分类

### 9.2.1　算力综合能源的概述

按照能源与算力在网络联网、能源联网方式下的分布，可将算力综合能源划分为供给侧基地型算力综合能源和用户侧分布式算力综合能源[或在空间尺度上的其他类似分类（吕佳炜等，2021）]，算力综合能源的宏观、介观和微观架构示意如图 9-2 所示。

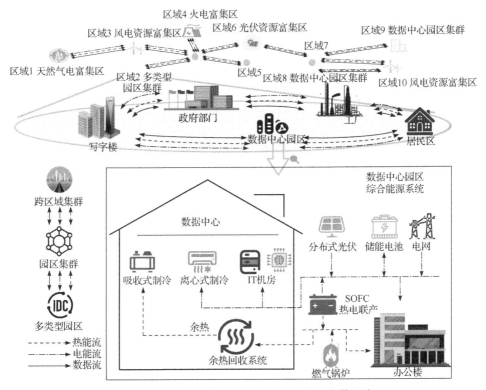

图 9-2　算力综合能源：宏观、介观和微观架构示意

一是供给侧基地型算力综合能源：主要是指大型数据中心与风能、光伏基地形成互补优势的算力综合能源。首先，供给侧"风、光基地"可实现基地型数据中心产业的清洁能源大规模替代，打造绿色数据中心，发展零碳数据中心产业，推动数据中心绿色高速发展。例如，在西北"风、光基地"周边布局大型或超大型数据中心集群及产业园区，可有效缓解"风、光基地"电力消纳压力，形成适

应清洁能源发展和满足数据中心用能需求的消纳与交易模式，并用低成本电力降低数据中心集群用电成本。其次，供给侧基地型算力综合能源以输电网、算力网为骨架，可利用数据中心功率可调特性、多种供能网络以及大范围数据流检测实现区域能源站协同，通过完善算力资源和风、光资源协同调度机制，某种程度上可利用数据中心内部大量的柴油发电机、UPS 等储能资源，实现风光配储、算力资源调节与风光资源开发利用规模化、集约化、一体化协同。

二是用户侧分布式算力综合能源：用户侧分布式算力综合能源多指靠近用户侧，远离风、光大基地的算力综合能源。数据中心本址内除 IT 等算力设备外，包含分布式供能、用能和储能设备，可视作产消一体的分布式微能源网，也可围绕空间转移特性，促进局域新能源消纳、缓解能量传输阻塞情况、提供调频等辅助服务，可通过数据中心能量管理间接扩大能源设备可运行域，提升能量利用效率和资源利用效率。首先，用户侧分布式算力综合能源通过就近源网荷储一体化设计，利用热泵、吸收式制冷、蓄冷蓄热等技术，可实现数据中心余热的再利用，与热网互动，充分满足多源负荷需求；其次，利用数据中心用能时空可调特性实现多能负荷时间维度横向搬移和空间维度纵向转移，实现电源、电网、储能、数据中心各类市场主体联动，共同实现清洁能源高效消纳，并实现综合能效的提升。算力综合能源也可以分为宏观、介观和微观的综合能源。

### 9.2.2　算电协同的内涵：宏观、介观和微观

宏观角度，算电协同是指在充分掌握需求的前提下，通过算力市场与电力市场的跨区域动态协同，实现算力与电力在范围空间上的信息和能量的资源匹配。宏观上算电协同的目的是在宏观范围内提高算力基础设施的资源利用率，以及优化算力资源的算效和碳效，同时实现区域层面以新能源为主体的新型电力系统的优化调度和柔性运行。因此，首先，广义算力与能量资源的有序化管理，要求对算力资源与信息资源进行科学的规划与充分的利用，并掌握区域算力需求与供给、电力需求与供给的特征，确保资源分配的高效性与合理性；其次，算力调度与电力调度协同平台的建设是宏观电力资源迁移与绿色电力消纳的实施关键，利用算力的时空调节特性，适应电力需求的变化，灵活调整电力及算力供应策略；最后，利用算力与电力的市场化手段，实现信息与能源的协同运行，推动绿色电力与绿色算力的价值最大化，实现算力与电力的普惠共享及绿色低碳发展。

介观角度，算电协同的内涵是构建电力-算力-热力协同的算力综合能源系统，是指通过能的梯级利用、能的多能互补、能的源荷互动、能的互联互济等理念，利用综合能源系统的理念、技术和模式，在满足算力服务的基本业务基础上，打通数据中心上、中、下游的算力、电力、热力资源以及备用电源的烟囱式规划、建设和运维，以资源共享和柔性调度的方式提升数据中心等算力基础设施的资源

利用效率与使用效益、促进本址内外可再生能源消纳、推动数据中心及其园区能源绿色低碳转型为目标，以实现数据中心算力基础设施本址算力与其对应的电力与热力的一体化服务。具体形态包括：①供给侧基地型算力综合能源，即大型数据中心与风能、光伏基地形成互补优势的算力综合能源；②用户侧分布式算力综合能源，多指靠近用户侧，远离风、光大基地的算力综合能源。

微观角度，算电协同主要是指在以可再生能源为主要电力来源的背景下，通过数据中心内部服务器、储能设备、建筑物惯性以及云数据中心单元之间的柔性负荷时空转移来实现能耗、经济和碳排的优化。这一过程不仅关乎单个数据中心或数据中心集群能效的提升，同时也对区域电网的负荷调节和需求响应能力的增强起到关键作用。在微观层面，算电协同与数据中心的安全运维和高效运行息息相关，其核心在于开发和应用机柜级的算力-电力-热力协同技术，确保数据中心在全工况下的温度、湿度适宜和配电系统能够安全稳定运行。安全性是算力基础设施运行的首要原则，而算电协同实践可能会在信息安全、温湿度控制以及安全供电等方面带来新的挑战。因此，算电协同的实施需要深入基础设施的底层控制，要求数据中心 IT 侧的计算设备与 OT 侧的制冷、配电等辅助设备实现全面协同运行。

综上，在微观层面，数据中心内部管理是基础，这包括了 IT 侧和 OT 侧的细致管理。IT 侧主要涉及服务器、存储和网络设备的性能优化，而 OT 侧则主要关注物理设施如电力供应、冷却系统和安全系统。微观层面的关键在于确保这些系统的高效协同工作，以提升数据中心的运行效率和可靠性。例如，精确控制机房的温度和湿度，以及合理分配计算资源，可以显著提升能效比。在介观层面，关注的是数据中心作为整体如何与外界互动。这包括了产消型数据中心的概念，即数据中心不仅消耗能源，还通过余热回收等方式向外界提供能源。此外，介观层面还涉及源荷互动，即数据中心如何根据外界能源供应情况调整自身的能源消耗，以达到节能减排的目的。到了宏观层面，考虑的问题更加广泛。国家提出的"东数西算"战略，实际上是一个关于算力、运力、存力资源的大课题。这包括了如何合理规划和调度 5G 线路、电力网、热力网和天然气网等基础设施，以满足全国各地，特别是西部地区的数据中心运算能力需求。在这个层面上，匹配问题成为关键，即如何确保算力资源既能满足需求，又能避免过度建设和浪费。这三个层面相互关联，共同构成了算力综合能源的完整图景。

## 9.3　算力综合能源的互动方式

数据中心算力综合能源的互动方式一般可分为算力与电力的互动、算力与热力的耦合以及三者之间的互动（图 9-3）。

图 9-3　算力综合能源的"三网互动"示意

　　一是算力与电力的互动：传统能源系统的供应架构下，数据中心通常具备稳定的电力供应，但在以新能源为主体的新型能源体系下，数据中心电力供应可能会受到可再生能源的波动影响，因此需要更灵活的能源电力互动方式。例如，在现货电价的场景下，数据中心可以在电价低廉时提升或者转移 IT 设备算力或负载率，同时在电价昂贵时降低或者转移 IT 设备算力或负载率，可在数据中心的业务稳定运行情况下有效参与电力系统的需求管理，并实现一定的经济效益。数据中心还可以积极参与电力市场，可以将其柴油发电机、UPS 储能系统、分布式光伏、新型电源、建筑热惯性等积极纳入电力市场，为领域的电力系统提供灵活性资源。

　　二是算力与热力的耦合：数据中心通常会产生大量的热能，在传统能源系统中这些热能被浪费掉，且需要利用高品质的电能来排出这些热能。然而，在能源综合服务的技术和模式下，数据中心可以重新利用这些巨量的中低品位废热，实现时间和空间上的深度耦合，获得综合能源的收益。例如，通过余热回收系统捕获废热并用于周边建筑供暖或其他用途，这不仅可以减少能源浪费，还能降低数据中心的能源成本。此外，随着液冷技术在 IT 设备上的应用推广，还可以通过低品位热能，直接或间接驱动吸收式制冷、吸附式制冷等设备为数据中心提供冷量，进一步提升数据中心的系统能效。另外，也可利用数据中心邻域的一些工业余热资源、中低温热能等驱动吸收式制冷，或利用液化天然气（liquefied natural gas, LNG）冷凝、工业工艺副产的冷能等实现与数据中心的耦合互动。

## 9.4　算力综合能源的规划设计

　　算力综合能源的整体规划、建设、运行可通过多种理念、技术和模式来高效利用绿色能源、降低数据中心整体碳排放以及实现良好的经济效益。算力综合能源规划设计往往呈现多变量、非线性、强耦合的特征（Han et al., 2025）。因此，只有统筹规划，因地制宜，分场景夯实算力综合能源的"顶层规划"与"建设运维"，才能真正有助于实现算力综合能源的多目标效益（图 9-4）。算力综合能源的顶层规划大致分以下步骤。

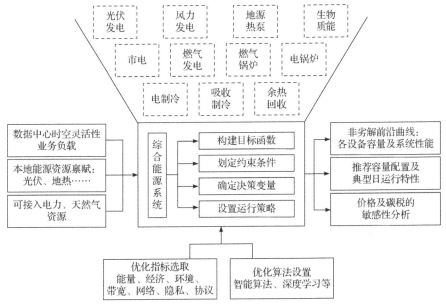

图 9-4 算力综合能源规划设计示意

规划前期：做好相似负荷特征数据中心用能系统的案例调研，刻画算力能耗特征。结合数据中心及其园区产业的总规及控规（绿电规划、天然气管网和电网架构、热网规划，以及本址内外的产业规划），从能的"量、质"视角，做好数据中心及其周边负荷特征、资源品质以及时空分布的辨识与画像刻画。

概念设计：基于梯级利用、多能互补、源荷互动以及互联互济的基本原则，充分结合算力综合能源用户侧的灵活性资源及余热资源利用潜力，基于能源资源与负荷画像，以及网络耦合方法及启发式方法等，统筹冷、热、电、气、氢等能源供应条件，架构满足计及数据中心与其周边能源负荷需求的能源供应的基本拓扑。

综合规划：确定算力综合能源的计算边界条件及约束条件，基于算力综合能源关键设备的灰色模型及系统内外能源价格，采用基于规则、基于优化的系统运行策略，设计不同的能量、经济、环境的多属性综合评价指标或体系，进行多方案数据中心算力综合能源系统的容量配置及运行调度的求解，并对比不同情景下算力综合能源的性能，获得推荐方案。

建设落地：基于业主、政府、社会等多用户需求，基于短、中、长期规划及负荷预测，多部门多轮次迭代前述推荐方案，最终分步骤确定投资建设步骤，刻画算力综合能源物理层、信息层和应用层的技术场景、建设模式，对算力综合能源的方案进行推荐。

## 9.5　算力综合能源的评价指标

我国数据中心的发展大致经历了以下几个阶段，每个阶段对应的评价各有侧重。

**阶段一：安全可靠性。** 2012 年数据中心爆发式增长，此时数据中心最主要的核心是存储，算力要求还不是那么高。那时候的数据中心要求安全、可靠，保证能够稳定连续运行。在那个时候就已经设定了数据中心的电力供给是高冗余、重资产的投入，不管怎样，所有电力供应必须确保最终服务器的持续稳定运行，并建立高可靠性的电力保障体系。

**阶段二：电能使用效率。** 2016 年开始提及 PUE，大家开始考虑如何通过数字化技术、手段提升单月用能效率的问题。自 PUE 概念提出以来，行业内不断涌现创新技术，竞争日趋激烈。最显著的进展是通过技术优化，将暖通系统的高能耗部分逐步降低至近乎零能耗，从而彻底解决电力消耗问题。2012 年，行业整体呈现出配置标准化且具备高冗余的特点，彼时对数字化的要求相对较低，直至 2016 年，业内才开始探讨能否借助数字化手段来提升效能。

**阶段三："算力+能源"融合。** 2020 年"双碳"目标提出以来，数据中心是重资产高用能的行业。此时"双碳"目标驱动的是能源转型变革，不得不谈到算力和电力之间的融合问题，我们以电为主要对象，将电放在第一位，然后解决电力和算力如何融合的问题。除了提供高可靠产品，我们是否还可以通过数字化技术，更好地实现"源""荷"之间的精准匹配，简化电力资产的高冗余配置，提高资产利用率，并开展预设性维护。因为综合能源系统有大量电力设备，怎么样提升运维效率也是需要考虑的问题。

**阶段四：绿色低碳数据中心。** 要实现可持续发展，就需要构建绿色低碳数据中心，这可以通过现今广泛谈及的电力-算力-热力深度融合实现。数据中心本身在提供算力，要给各个行业提供大模型、AI 算法、算力，数据中心自身是否也应该用更多的 AI 算法帮助我们简化、优化体系的配置？

从未来发展来看，"双碳"目标将推动未来二三十年内，通过数字化技术实现"源""荷"之间的精准匹配，因为"源"不够了，从原来的化石能源足够充分的发电资源，转为可再生能源不是非常充分的发电资源，"源"不足的情况下，如何保证数据中心重资产的利用和"源""荷"之间的精准匹配，减少没必要的能耗也是需要研究的问题。2021 年中国数据中心平均 PUE 为 1.49，2019 年为近 1.6，相比之下中国数据中心 PUE 已有所提升。其中华北、华东的数据中心平均 PUE 接近 1.4，处于相对较优水平。华中、华南地区受地理位置、上架率及其他多种因素的影响，数据中心平均 PUE 接近 1.6，存在较大的提升空间。

中国算力产业高质量发展特征如图 9-5 所示。未来几年，随着国家及地方加大对数据中心化石能源使用的约束，新型储能、分布式光伏等技术及应用的规模化发展，数据中心可再生能源利用率将大幅提升，绿电占比或将大于 50%。打造"零碳数据中心"成为数据中心低碳化发展的终极目标。随着国家对数据中心能耗管控趋严，以及 PUE 优化、源网荷储一体化技术的发展，打造"零碳数据中心""低碳数据中心""绿色数据中心"成为主流服务商的重要发展方向。比如，在算力综合能源系统的框架下，数据中心与电力、热力互动、耦合的灵活性资源指标还比较缺乏，算力综合能源的灵活性涉及电力、算力、热力等多主体在规划、建设、运营中的利益，值得深入研究（谷丽君，2019）。

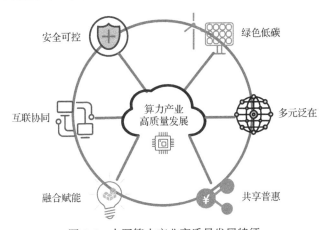

图 9-5　中国算力产业高质量发展特征

"东数西算"工程之后，中国算力产业将进入高质量发展阶段。中国算力产业高质量发展要求"量"的扩大的同时，注重"质"的提升。其中，绿色低碳已成为中国算力产业高质量发展的显著特征，但是，在推进低碳、经济、高效数据中心建设与运维的理论和实践发展过程中，在上述综合能源系统的技术特征下，传统 PUE 缺陷在算力综合能源的评价中将被放大。因此，算力综合能源评价指标研究将是一个重要的内容（王永真等，2025），表 9-1 总结了部分数据中心算力综合能源评价指标。近些年，一些绿色数据中心算力综合能源的综合评价方法或者标准开始实施，算力-能源相关标准见附表 2-1。

**表 9-1　数据中心算力综合能源评价指标（部分）**

| 评价指标 | 英文全称 | 中文全称 | 计算方法 | 备注 |
|---|---|---|---|---|
| PUE | power usage effectiveness | 电能利用效率 | $\dfrac{数据中心总功率}{数据中心IT设备功率}$ | 为数据中心总功率与数据中心 IT 设备功率之比，理想最优的情况下该指标等于 1，意味着数据中心 100%的能耗都用于 IT 设备 |
| EEUE | electric efficiency utilization effectiveness | 电能使用效率 | $\dfrac{数据中心总电能消耗量}{数据中心IT设备电能消耗量}$ | 体现数据中心在一段时间内的能效水平，数值稳定，客观评价数据中心电能使用效率 |
| WUE | water usage effectiveness | 水资源利用效率 | $\dfrac{用水量}{IT设备耗电量}$ | 用来衡量数据中心用水的效率，该指标的大小受数据中心地理位置的影响 |
| DCiE | data center infrastructure efficiency | 数据中心基础设施效率 | $\dfrac{数据中心IT设备功率}{数据中心总功率}$ | 数据中心 IT 设备功率在数据中心总功率中的占比 |
| REF | renewable energy factor | 可再生能源因子 | $\dfrac{数据中心拥有和使用的可再生能源}{数据中心总电耗}$ | 以一年为周期，数据中心拥有和使用的可再生能源与数据中心总电耗的比值 |
| SEUR | stored energy used ratio | 储能利用率 | $\dfrac{数据中心所存储的可被反复利用的能量}{数据中心总电耗}$ | 24 h 内数据中心储能量（冷量/电量）与数据中心总电耗之比 |
| ERF | energy reuse factor | 能源再利用率 | $\dfrac{能源再利用设备的装机量总和}{能源设备原始装机量}$ | 其中的能源再利用设备主要指数据中心余热回收利用的装置 |
| CUE | carbon usage effectiveness | 碳使用效率 | $\dfrac{总用电量产生的二氧化碳总量}{IT设备用电量}$ | 最完美的 CUE 值是 0.0，这意味着在数据中心运营过程中没有产生任何碳排放 |
| DCPE | data center performance efficiency | 数据中心性能效率 | $\dfrac{有用功总和}{数据中心总功率}$ | 用来衡量数据中心执行工作的效率 |
| DCEP | data center energy productivity | 数据中心能源产出率 | $\dfrac{服务数量}{数据中心总能耗}$ | 可以针对单个 IT 设备或计算设备集群计算 DCEP，用户可以调整虚拟和物理基础设施的规模来支持业务需求 |
| SUE | space usage effectiveness | 空间利用效率 | $\dfrac{IT机房面积}{数据中心总面积}$ | 用于测量数据中心空间的利用效率如何 |
| GUE | grid usage effectiveness | 电网利用效率 | $\dfrac{市电功率}{IT设备功率}$ | 衡量市电容量一定的情况下可以部署的 IT 设备的最大数量的指标 |

续表

| 评价指标 | 英文全称 | 中文全称 | 计算方法 | 备注 |
|---|---|---|---|---|
| CEC | comprehensive energy consumption | 综合能耗 | 实际消耗的各种能源实物量之和 | 为算力综合能源在统计期内输入的一次能源的量值,按规定的计算方法和单位分别折算后的一次能源总和,即综合能耗,通常折合为标准煤进行衡量 |
| PER | primary energy ratio | 一次能源利用率 | $\dfrac{产出能量总和}{一次能源消耗量}$ | 又称能源利用率或综合能效 |
| EE | exergy efficiency | 㶲效率 | $\dfrac{系统输出的总㶲}{系统输入的总㶲}$ | 与基于热力学第一定律的 PER 不同,EE 反映了基于热力学第二定律的综合智慧能源供能和用能在能级上的匹配程度 |
| PESR | primary energy saving ratio | 一次能源节约率 | $\dfrac{相比传统系统所节省的能量}{传统系统消耗的总能量}$ | 指与传统系统相比,从热力学第一定律角度看,当综合智慧能源产生相同数量的冷、热、电时,综合智慧能源所省的能量(即节能量)与传统系统所消耗的总能量之比 |
| ERR | emission reduction ratio | 减排率 | $\dfrac{相对传统系统的污染物减排量}{传统系统污染物理论排放量}$ | 用来评价有效节约物质资源和能量资源、减少废弃物和环境有害物(包括"三废"和噪声等)排放情况,一般多指二氧化碳减排率 |
| OEM | on-site energy matching | 现场能源匹配 | $\dfrac{用来满足负荷的供应端发电量}{供应端总发电量}$ | 表征在统计期内综合智慧能源系统用来满足需求端负荷的供应端发电量占供应端总发电量的比重 |
| CPE | computer power efficiency | 计算机电源效率 | $\dfrac{IT设备利用率 \times IT设备功率}{数据中心总功率}$ | 反映不同 IT 设备利用率情况下的数据中心能耗利用效率 |
| CLF | cooling load factor | 冷却负载系数 | $\dfrac{冷却系统能耗}{IT设备能耗}$ | 冷却系统能耗与 IT 设备能耗的比值 |
| PLF | power load factor | 供电负载系数 | $\dfrac{供配电系统能耗}{IT设备能耗}$ | 供配电系统能耗与 IT 设备能耗的比值 |
| CE | computational efficiency | 算效 | $\dfrac{数据中心算力}{数据中心功率}$ | 数据中心算力与数据中心功率的比值,数值越大,代表单位功率的算力越强,效能越高 |

注:"三废"指废水、废气和固体废弃物

数据中心算力综合能源评价指标是衡量数据中心的能源消耗效率和算力性能的重要指标。这些评价指标不仅关系到数据中心的运营成本，还与环境的可持续发展密切相关。数据中心算力综合能源评价指标多种多样，表 9-1 中部分指标的解释如下。

### 1. PUE

PUE 是衡量数据中心能效最常用、最广泛的指标。它的计算公式为数据中心总体能耗与 IT 设备能耗的比值，即 PUE=数据中心总功率/数据中心 IT 设备功率。理想状态下，PUE 的值为 1，意味着所有的能源都被用于 IT 设备，没有能源浪费。PUE 的值越大，表示数据中心能效越低；反之，能效越高。

### 2. DCiE

DCiE 是 PUE 的倒数，即 DCiE=1/PUE，计算方法为数据中心 IT 设备功率/数据中心总功率，它直接表示 IT 设备能耗占总体能耗的百分比。DCiE 的值将永远小于 1，越接近 1 越好，换言之，DCiE 值越高，数据中心能效越高。

### 3. CUE

CUE 用于衡量数据中心用电排放的二氧化碳总量与 IT 设备用电量的比值。它的计算公式为：CUE=总用电量产生的二氧化碳总量/IT 设备用电量。该指标有助于评估数据中心对环境的影响，最完美的 CUE 值是 0.0，这意味着在数据中心运营过程中没有产生任何碳排放。

### 4. WUE

WUE 衡量数据中心用水的效率，其表达式为数据中心用于冷却和其他基础设施运作的水消耗量与 IT 设备能耗的比值，即 WUE=用水量/IT 设备耗电量。WUE 值较低表明数据中心的水资源利用效率较高，数据中心的能效较高，但 WUE 值在很大程度上受地理位置的影响。

### 5. REF

REF 是可再生能源因子，用于衡量数据中心利用的总能源中可再生能源所占的比例，其计算公式为：REF=数据中心拥有和使用的可再生能源/数据中心总电耗，一般情况下可再生能源是指在自然界中可以循环再生的能源，主要包括太阳能、风能、水能、生物质能、地热能和海洋能等。这个指标反映了数据中心对可再生能源的依赖程度及其环境友好性，用这个指标衡量数据中心的能效，可以促进对可再生能源和清洁能源的利用。

6. SUE

SUE 关注的是数据中心空间的有效使用情况，即单位面积内的 IT 设备能量密度，其计算公式为 SUE=IT 机房面积/数据中心总面积，更高的 SUE 值表示在特定空间内能够部署更多的 IT 设备，数据中心的能效更高。

7. EEUE

EEUE 为电能使用效率，计算公式为 EEUE=数据中心总电能消耗量/数据中心 IT 设备电能消耗量，EEUE 值体现数据中心在一段时间内的能效水平，数值稳定，客观评价数据中心电能使用效率。

8. SEUR

SEUR 衡量的是数据中心所存储的可被反复利用的能源比例，是 24 h 内数据中心储能量（冷量/电量）与数据中心总电耗之比，其计算公式为 SEUR=数据中心所存储的可被反复利用的能量/数据中心总电耗。数据中心的储能量越大，可被反复利用的能源越多，数据中心的能效越高。

9. ERF

ERF 是一个衡量数据中心基础设施中能源再利用率的指标，其计算公式为 ERF=能源再利用设备的装机量总和/能源设备原始装机量，其中，能源再利用设备主要指数据中心余热回收利用的装置，数据中心可以使用服务器产生的废热来发电或加热其他设备。数据中心的 ERF 值越接近 1.0，其能源再利用率就越高，能效也就越好。

10. CLF、PLF

冷却负载系数 CLF 定义为冷却系统能耗与 IT 设备能耗的比值；供电负载系数 PLF 定义为供配电系统能耗与 IT 设备能耗的比值。两者计算简单，并且可以单独对数据中心冷却系统和供配电系统的能源使用效率进行量化分析，有效弥补了 PUE 的不足。

11. CE

算效 CE 指数据中心算力与数据中心功率的比值，即数据中心每瓦功率所产生的算力，是同时考虑数据中心计算性能与功率的一种效率。数值越大，代表单位功率的算力越强，效能越高，单位为 FLOPS/W。

表 9-2 列出了某数据中心在不同 CPU 利用率下的数据中心能效指标（data

center energy performance metric，DCEPM）值。可以看到，DCEPM 值随服务器的 CPU 利用率的升高而升高。

表 9-2　某数据中心的 DCEPM 值

| CPU 利用率 | CRAC 固定转速 | | CRAC 变化转速 | |
|---|---|---|---|---|
| | 双核服务器/kW | DCEPM 值 | 双核服务器/kW | DCEPM 值 |
| 0 | 842.2 | 0 | 775.2 | 0 |
| 75% | 1198.2 | 30% | 1131.2 | 31% |
| 80% | 1296.5 | 35% | 1229.5 | 37% |
| 100% | 1371.1 | 39% | 1304.1 | 41% |

注：CRAC 表示机房空调（computer room air conditioner）

　　考虑上述评价指标能够帮助数据中心管理者采取措施降低能耗，降低环境影响，同时提高数据中心的运营效率和成本效益。这些指标也是评估数据中心绿色和可持续性实践的重要工具。

　　零碳数据中心的评定采用由 EEUE、REF、ERF、SEUR 及能源综合利用管理五项指标组成的评价指标体系，通过给出分值权重并计算相应分值来评价其能源综合利用水平，满分为 100 分。其中，EEUE 分值权重为 60%、REF 分值权重为15%、SEUR 分值权重为 6%、ERF 分值权重为 9%，能源综合利用管理权重为 10%。如出现否决项目，则评价结果直接确定为不合格。

　　数据中心绿色等级认证是面向数据中心的综合评估认证。数据中心绿色等级认证从能源资源高效利用情况、绿色设计及绿色采购、能源资源绿色管理、设备绿色管理等维度对数据中心进行评估和综合评分，根据评分将数据中心分为一级到三级三个等级，"一级"是最高等级。数据中心绿色等级认证不仅包含了 PUE评测，也将管理水平、技术应用能力等纳入考核，能够更加全面地衡量数据中心的绿色水平。

# 参 考 文 献

冯成，王毅，陈启鑫，等. 2020. 能源互联网下的数据中心能量管理综述[J]. 电力自动化设备，40(7): 1-9.

谷丽君. 2019. 基于热感知的数据中心能耗优化策略研究[D]. 北京: 华北电力大学.

韩俊涛，韩恺，王永真，等. 2022. 低碳分布式综合能源系统的能值、经济和环境优化评价[J]. 动力工程学报，42(11): 1089-1098.

吕佳炜，张沈习，程浩忠，等. 2021. 集成数据中心的综合能源系统能量流-数据流协同规划综述及展望[J]. 中国电机工程学报，41(16): 5500-5521.

王永真，韩艺博，郭凯，等. 2025. 面向算力-电力-热力协同的术语及标准体系初探[J]. 电力建设，46(4): 71-83.

Beitelmal A H, Fabris D. 2014. Servers and data centers energy performance metrics[J]. Energy and Buildings, 80: 562-569.

Han J, Han K, Wang Y Z, et al. 2025. Multi-objective planning and sustainability assessment for integrated energy systems combining ORC and multi-energy storage: 4E (economic, environmental, exergy and emergy) analysis[J]. Case Studies in Thermal Engineering, 65: 105674.

Liu W Y, Yan Y J, Sun Y M, et al. 2023. Online job scheduling scheme for low-carbon data center operation: an information and energy nexus perspective[J]. Applied Energy, 338: 120918.

Wang Z Y, Zhang X T, Li Z, et al. 2015. Analysis on energy efficiency of an integrated heat pipe system in data centers[J]. Applied Thermal Engineering, 90: 937-944.

# 第10章  算力-电力互动：原理、现状与挑战

## 导  读

（1）算力-电力互动包括：利用现有的灵活性资源参与电网需求响应、根据电网负荷需求进行算力负荷调度以提升需求响应能力、参与削峰填谷和调峰调频等电力辅助服务交易。

（2）算力-电力互动研究已涉及调节尺度、调节元素、优化目标及技术方法等多个方面，但仍存在一些问题，如策略和算法实时响应能力与精准度有待提高。

（3）算力-电力互动主要面临的挑战包括：数据中心与电网之间缺乏有效的协调机制，算力调节和灵活性资源调度技术尚不够成熟或高效。

## 10.1  算力-电力互动的原理与模式

算力-电力互动，即在以可再生能源供电为主要背景的前提下，数据中心本体服务器、储能设备以及同源主体数据中心之间进行的柔性负荷的时空转移，实现数据中心本体或集群的能耗优化，同时提升区域电网的削峰填谷或需求响应能力。诸如数据中心、钢铁、电动车等高能耗行业参与需求响应的潜在市场规模巨大，而其中数据中心消耗的电力是由算力驱动电子元件产生的。算力天然的可观、可测、可即时调节的特性，决定了服务器通过调整算力，就可以实现在分钟级甚至秒级响应速度下进行高精度电力负荷控制，而无须额外增加任何硬件。此外，在新型电力系统背景下，中国单体可调度资源设备增多。截至 2023 年 9 月底，中国新型储能项目累计装机规模 25.3 GW/53.4 GW·h，功率和能量规模同比增加 280%/267%，但《新能源配储能运行情况调研报告》显示新能源配储能平均等效利用系数仅为 12.2%。

对于互联网数据中心而言，分布在不同区域的互联网数据中心归属于同一个云服务提供商，由云服务提供商负责调度工作负载和制定参与市场的策略，如图 10-1 所示。鉴于互联网数据中心具有用电规模大且负载时空可转移等特点，互联网数据中心具有参与电力现货市场、辅助服务市场和区域供热服务的潜力，具体以集中竞价的方式参与电力现货市场和辅助服务市场，通过调度负载来改变其购电量并提供调峰、调频、备用等辅助服务，由此减少购电支出和增加辅助服务

收益。同时，可以通过签订双边合同或集中竞价方式出售余热，获取供热收益，该部分为算力-热力协同内容。

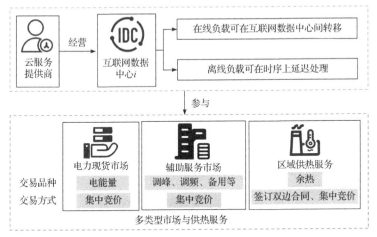

图 10-1 算力-电力互动示意图

资料来源：王雨欣等（2023）

总结现有算力-电力互动的研究，一是数据中心内部大量的 UPS、应急电源（emergency power source，EPS）、柴油发电机备用电源、虚拟储能等灵活性资源，可以参与电力系统的需求侧响应，缓解电网拥堵、实现削峰填谷与可再生能源消纳；二是数据中心内部不断变化的冷数据（容忍延迟）和热数据（非容忍延迟）等柔性负荷在不同机架或服务器上的时空转移，能够实现数据中心用能负荷的需求侧管理，提升区域配电网的削峰填谷或需求响应能力。国外在算力的绿色低碳优化以及电算协同相关技术研究方面已有不少成果。Facebook 公开了其开放计算项目（Open Compute Project，OCP），共享高效数据中心设计规范，包括服务器、存储和数据中心设施的设计规范，促进绿色智能技术创新。Google 在其数据中心利用 DeepMind AI 算法预测冷却需求，动态调整数据中心的能源使用，可减少 40% 左右的能耗。微软利用 Azure 智能云平台，结合物联网和 AI 技术，对数据中心的运行状态进行实时监测和优化。ABB 集团作为能源转型的技术领导者，正在研究"源网荷储"精准调控技术，以打造工业园区的绿色微电网，实现 5%—20% 的负荷灵活调控。芬兰、英国伦敦等国家（地区）建设了应用于区域供热的数据中心余热回收相关示范验证工程。美国工程院院士、伊利诺伊理工大学教授 Shahidehpour 等的研究团队考虑负载的时空可调度性，开展了互联网数据中心集群参与电力现货市场、辅助服务市场等的相关研究，但局限于理论层面。

数据中心电力与算力的互动，不仅能降低数据中心的能量成本，还可以平抑区域电网的波动。数据中心参与需求侧响应时，其能源购买成本大大降低；通过计算工作量时移控制消除电网的高频功率波动，通过 UPS 电池组动态管理对低频部分进行平滑处理，可以有效调节数据中心微电网联络线功率波动。实践方面，美国数百家数据中心因参与了电力紧急需求响应从而避免了一次高达数百万美元损失的连锁停电事件，验证了数据中心负荷需求响应的有效性和可行性；阿里巴巴和华北电力大学联合尝试了将其在南通机房和张北机房的数据负荷进行转移，将南通机房约 150 kW · h 电量转移至张北机房；中国各地方发展改革委在相关电力需求响应的政策建议中也明确提出需要研究电信运营商、大型数据中心等新型用户需求响应可行方案。由表 10-1 可以看出，基于能量感知并充分考量电力市场价格动态波动特性的计算工作负载优化调度策略，可应用于数据中心算力-电力互动的能效管理，并最大限度地降低在线服务提供商运营多地域数据中心集群的电力和网络成本。

表 10-1　需求侧管理模式及实现手段

| 需求侧管理模式 | 示意 | 柔性负荷类型 | 特性 |
|---|---|---|---|
| 负荷削峰 | | 可平移负荷 | 负荷供电时间可按计划变动，负荷须整体平移，用电时间跨越多个调度时段 |
| 负荷填谷 | | | |
| 负荷平移 | | 可削减负荷 | 可承受一定中断、功率降低或运行时间减少的负荷，根据供需情况对其进行部分或全部削减 |
| 整体削减 | | | |
| 整体提升 | | 可转移负荷 | 各时间段用电量可灵活调节，但要满足转移后整个周期负荷总量与转移前保持不变 |
| 灵活调节 | | 双向潮流负荷 | 既可消纳电网电力，也可为电网提供功率 |

除典型数据中心算力-电力互动外，5G 基站等新型信息基础设施同样存在着算力-电力互动的潜力。作为 5G 网络的主要设备，5G 基站的用能可以达到网络总能耗的 80%，同时往往配有容量过剩且闲置的储能电源作为不间断电源，并且在制冷侧往往配有常年连续开启的不间断空调，具备较多的灵活性资源。对其能耗特性展开细致分析，并充分挖掘灵活性资源的利用潜力，可以提升电网的柔性调节能力。通过科学规划新能源及储能的选址与定容，对输配电网扩展方案进行优化设计，以及在运行过程中预测通信负载、优化能耗管控、参与电网调峰调频，能够有效实现基站算力-电力互动。

### 10.1.1 数据中心的电费组成

数据中心参与电力现货市场与电网公司向数据中心收取的电费存在密切关系，后者主要由以下几个部分组成。

（1）发电成本。电费中包含了发电企业的成本，这通常是电费的主要组成部分。根据《电力监管条例》及相关法规，发电企业与电网企业之间的电费结算，需要维护电力市场秩序和保障电力企业合法权益。在电费结算过程中，电网企业承担代收代付电费的职责，这也反映了国家对电费收费的规范和监管。

（2）输电成本。电能从发电厂输送到数据中心的过程中，会经过多个级别的输电网络，每一个环节都可能产生损耗，同时输电设备和线路也需要维护和更新，这些成本会被计入电费当中。

（3）配电网运维。配电网将电能从高压输电系统送到用户即数据中心的最后一个环节。运维成本包括日常维护费用、设备的折旧以及故障修复费用等。

（4）升级改造。为了适应数据中心日益增长的电力需求，电网公司可能还需要对配电网进行改造或升级。这些投入同样会反映在电费结构中，以确保供电的稳定性和安全性。

（5）基本电费。数据中心除了支付实际消耗的电量费用外，往往还需支付基本电费，这部分费用是按照数据中心所需要的用电容量来计算的。即使没有消耗电能，也须支付这部分费用，它保证了供电的可靠性和电站的稳定运行。

（6）需量电费。需量电费是根据数据中心在某一段时间内（通常为一个月）所需的最大电力量来计算的。电网公司通过这种方式来保证提供足够的电力满足数据中心的峰值需求。

（7）电网改造。为了适应数据中心等高耗能产业的需求，电网公司可能需要建设和改造更多的电网设施，这就涉及了额外的费用，这些通常会以附加费的形式分摊到每个月的电费账单中。

（8）绿电补贴。数据中心对绿色能源的需求日益增强。电网公司可能会对使用风能、太阳能等可再生能源的用户收取一定的附加费，用于补贴这些清洁能源的运营和维护成本。

（9）政府税费。电费中通常还会包含政府的税收和各种政府性基金及附加费用。这些通常是按法定标准收取的，用于支持国家和地方政府的公共预算及电力行业的可持续发展。

总的来说，电网公司向数据中心收取的电费是一个复杂的体系，它不仅涉及电能本身的成本，还包括了输电、配电的成本和费用，以及电能附加费和各种税费等。通过对电费进行简化处理，数据中心所交电费实际上往往是通过两部制电价进行计算的。

两部制电价为电量电价和容量电价的结合，综合考虑了电力系统固定成本和可变成本的特点，能够合理反映电能成本结构和负荷率因素，并有利于发挥电价的杠杆作用。

以北京市某数据中心为例，假设该数据中心接入电压等级为 10 kV 市电，可容纳约 40 000 台服务器，平均功率约为 200 W，平均负载率约为 70%（为简化计算，假设功率与负载率成正比），PUE 为 1.3，则该数据中心运行功率约为 7280 kW。通常情况下数据中心属于"大工业用电"，采用两部制电价，且容量电费按照最大需量计算，则根据表 10-2 所示的数据，每月共需容量电费 37 万元，购电费用 354 万元。

### 10.1.2　数据中心参与电力辅助服务

2024 年 4 月公布的《电力市场运行基本规则》首次将储能企业、虚拟电厂、负荷聚合商等清洁能源产业新兴领域相关主体明确界定为新型经营主体，明确其产业地位的同时进一步规范了电力市场顶层设计与标准，储能企业、虚拟电厂等主体将在该规则下充分受益。

数据中心参与电力市场辅助服务的收益计算方法是一个涉及多个变量和市场规则的复杂问题。其收益主要来源于提供辅助服务，以下是该问题的具体分析。

（1）服务类型与市场需求：数据中心可以提供多种电力辅助服务，如频率调节（调频）、电压支持（无功功率调节），以及事故响应服务等。不同类型的服务根据市场需求和紧急程度，具有不同的价值和收费标准。

2021 年印发的《电力辅助服务管理办法》重新分类了电力辅助服务，包括有功平衡服务、无功平衡服务和事故应急及恢复服务，并新增了多种辅助服务种类。数据中心需要根据自己的技术能力和市场情况选择合适的服务种类。

（2）优化投标策略：数据中心需要根据市场规则和自身能力制定投标策略。例如，可以考虑采用智能算法优化投标容量和实时操作策略，以最大化收益。

表 10-2　国网北京市电力公司代理购电工商业用户电价表（执行时间：2024 年 5 月 1 日—2024 年 5 月 31 日）

| 用电分类 | | 电压等级 | 电度用电价格[元/(kW·h)] | 其中 | | | | | 分时电度电价[元/(kW·h)] | | | | 容（需）量用电价格 | |
|---|---|---|---|---|---|---|---|---|---|---|---|---|---|---|
| | | | | 代理购电价格 | 上网环节线损折价 | 电度输配电价 | 系统运行费用折价 | 政府性基金附加 | 尖峰 | 高峰 | 平段 | 低谷 | 最大需量[元/(kW·月)] | 变压器容量[元/(kVA·月)] |
| 公式 | | — | 1=2+3+4+5+6 | 2 | 3 | 4 | 5 | 6 | 7 | 8 | 9 | 10 | 11 | 12 |
| 工商业用电 | 单一制 | 不满 1 kV | 0.857 762 | 0.394 809 | 0.012 185 | 0.410 000 | 0.013 600 | 0.027 168 | — | 1.138 076 | 0.857 762 | 0.605 084 | 11 | 12 |
| | | 1～10 kV | 0.837 762 | | | 0.390 000 | | | — | 1.153 609 | 0.837 762 | 0.561 396 | | |
| | | 35～110 kV | 0.767 762 | | | 0.320 000 | | | — | 1.083 609 | 0.767 762 | 0.491 396 | | |
| | | 220 kV 及以上 | 0.722 762 | | | 0.275 000 | | | — | 1.038 609 | 0.722 762 | 0.446 396 | | |
| | 两部制 | 1～10 kV | 0.654 262 | | | 0.206 500 | | | — | 0.891 147 | 0.654 262 | 0.417 377 | 51 | 32 |
| | | 35～110 kV | 0.613 762 | | | 0.166 000 | | | — | 0.850 647 | 0.613 762 | 0.376 877 | 48 | 30 |
| | | 220 kV 及以上 | 0.598 762 | | | 0.151 000 | | | — | 0.835 647 | 0.598 762 | 0.361 877 | 45 | 28 |

资料来源：国家电网

注：（1）电网企业代理购电用户电价由代理购电价格、上网环节线损折价、输配电价、系统运行费用折价、政府性基金及附加组成。输配电价由上表所列的电度输配电价、容（需）量电价构成，按照京发改价格〔2023〕526 号文件执行；政府性基金及附加包含重大水利工程建设基金 0.196 875 分钱、大中型水库移民后期扶持资金 0.62 分钱，可再生能源电价附加 1.9 分钱。

（2）分时电度电价在代理购电价格基础上：根据京发改规〔2023〕11 号文件峰谷比价关系和时段划分规定形成。具体时段划分为：高峰时段 10:00—13:00，17:00—22:00；平段时段 7:00—10:00，13:00—17:00，22:00—23:00；低谷时段 23:00—次日 7:00。其中：夏季（7、8 月）11:00—13:00，16:00—17:00，冬季（1、12 月）18:00—21:00 为尖峰时段。

（3）对于已直接参与市场交易（不含已在电力交易平台注册但未曾参与电力市场交易）任在正常用电情况下改由电网企业代理购电的用户，代理购电价格按上表中的 1.5 倍执行。拥有燃煤发电机组的用户、电网企业代理购电的用户，其他能源及规则同常规用户。

（4）根据发改价格〔2014〕1668 号文件要求，向电网经营企业直接报装接装集中式充换电设施用电，电压等级不满 1 kV 的，参照 1—10 kV 价格执行

（3）调整服务供给：数据中心提供的辅助服务并不是固定不变的，而是可以根据市场需求的动态变化进行调整。比如，在电力系统压力大时提供更密集的服务可以获得更高的收益。数据中心的硬件设施，如服务器和存储设备，具备一定的调节能力，可以通过提升或降低运算能力来快速响应市场的需求变化。

（4）考虑成本因素：数据中心在计算收益时必须扣除参与辅助服务所产生的额外成本，如设备折旧、维护费用以及可能的人力成本。设备的老化和损耗也可能因频繁调整运行状态而加速，这部分成本也需要考虑进去。

总的来说，计算数据中心参与电力市场辅助服务的收益是一个综合考量市场环境、服务类型、技术能力、成本控制及法规政策等多方面因素的过程。通过精细化的管理和科学的决策，数据中心可以有效提升其在电力市场辅助服务中的竞争力和收益水平。

在中国当前的电价机制下，数据中心等算力基础设施参与电力市场辅助服务存在较大的应用潜力，包括参与调峰服务和调频服务等。

（1）算力基础设施参与调峰服务：未来中国算力网络基本建成后，算力基础设施集群的能耗在电力负荷中所占的比例会大幅提高，具有很大的调峰空间。在不影响用户通信质量的情况下，可实现在用电低谷时段充电，在用电高峰时段放电，通过峰谷价差实现套利，以降低算力基础设施用电成本。例如，中国铁塔股份有限公司与国家电网公司合作，组织 299 座 5G 基站参与迎峰度冬电力保供准实时需求响应演练，在演练时间段内通过智能控制设备实施基站自备电池供电，最大压降功率 1079 kW，最小压降功率 857 kW，响应效果较好。

（2）算力基础设施参与调频服务：随着电力系统中新能源发电比例的不断上升，其功率解耦的特性导致无法提供有效的主动调频支撑能力，从而给电网的频率稳定带来重大挑战，相较于传统调频机组，储能系统在电力系统调频方面可快速、精确响应电网调度指令，具有良好的调频响应特性，被认为是解决电网频率稳定性问题的有效手段。

数据中心储能系统采用锂离子动力电池或铅酸电池，具有很好的动态特性，在接收到系统的调频信号后，能够灵活进行充放电，响应系统的调频需求，获取调频收入。同时，调频市场的调频信号包括慢速调频信号和快速调频信号。储能系统乃至服务器集群的可调度负载具有较快的响应速度，可以跟踪电力系统快速调频信号，除此之外，数据中心柴油发电机和外接可再生能源发电设备虽然响应速度较慢，但也能够对慢速调频信号进行跟踪响应，参与调频市场。

参与辅助服务市场如何产生收益、如何测算付出的成本、产生的收益如何分配以及参与各方是否能够获得足够的回报是数据中心参与辅助服务市场的盈利模式的核心议题。从运营商运维角度出发，运营商拥有数据中心灵活性资源的所有权和运维控制权，作为独立主体参与电力系统互动。电网公司在电力系统实时运行时向运营商提出需求，运营商控制灵活性资源参与需求响应。运营商参与需求响应可以降低度电成本，获取额外收益。在满足可靠性的前提下，在电价低时为储能电池充电，并在电价高时用储能电池给数据中心用电设备供电，以达到降低度电成本的目的。进一步地，运营商可以与供电公司合作，通过采用电网友好型的用电方式，从供电公司处获得更低的用电价格。从电网公司运维角度出发，电网公司向运营商支付灵活性资源使用费，以获取数据中心灵活性资源的运维控制权。为满足电力系统的经济性和可靠性需求，电网公司可以在日常运行时对数据中心和 5G 基站内的灵活性资源进行调度。在此模式中，运营商不用在日常运维中进行决策，而仅作为资源提供方，电网公司在保证数据中心和基站用电可靠性的前提下使用灵活性资源，双方通过合作实现互利共赢。从第三方公司参与运营角度出发，运营商、电网公司和第三方公司三方互动合作。运营商不直接接入非自身主营业务的需求响应，而是由充当运营商的第三方公司代理，成为运营商和电网公司之间的桥梁。数据中心灵活性资源的运维控制权归第三方公司所有，电网公司发出需求信号，向第三方公司提出调度灵活性资源参与需求响应的要求。在需求响应过程中，第三方公司可以通过分时或实时电价套利、参与辅助服务市场等方式获取收益。

## 10.2　算力-电力互动现状

基于上述基本原理与模式，相关学者已开展了许多数据中心算力-电力互动方面的研究，其中涉及调节尺度、调节元素、优化目标及技术方法等多个方面。数据中心算力-电力互动模式如图 10-2 所示。

在数据负载特性与调节尺度方面，数据中心所需处理的数据类型主要有批处理型数据负载（数据分析和挖掘、报表生成、批量文件处理等）与交互型数据负载（在线交易处理、实时查询和搜索等）。批处理型数据负载的最大响应时间相对较长，所以在时间和空间尺度上具备较高的调节灵活性。交互型数据负载尽管在时间尺度上不太灵活，但其数据传输速度之快为其在空间尺度上的调节提供了可能性。同时，目前数据中心已经具备了对数据负载进行时空调度的能力，即基于混合部署技术，具有不同延迟敏感度的数据负载可部署在同一台服务器上，可以在各数据负载最大响应时间之内对不同延迟敏感度的数据负载具体处理时间进行优化调度。因此，在调节尺度方面，学者主要关注数据负载在时间或空间上的调节。在时间调节方面，Conejero 等（2016）提出了一种让所有服务器共同完成工作负载处理任务，在请求少且服务器利用率低时关闭所有服务器的激进调度策略；Shao 等（2018）利用多维背包算法建模思路求解任务处理策略并编排方案，

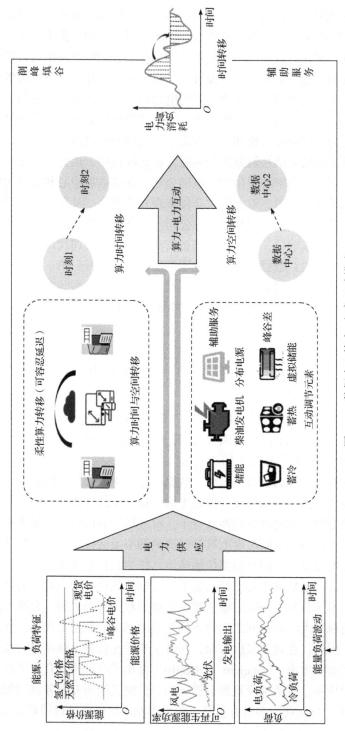

图10-2　数据中心算力-电力互动模式

针对计算任务进行更好的时间序列编排，以最小化服务器能耗。在空间调节方面，Abdullah 等（2017）考虑工作负载在服务器中处理的性能要求，以服务器能耗优化为目标，提出了一种基于启发式的快速最优适配算法，将服务器与负载进行匹配，使得服务器效益最大化；Gupta 和 Mangla（2021）基于萤火虫算法，提出了一种能量感知模型，感知计算任务在服务器中所需的能耗，最大化能效的同时保证任务的完成效率。

为实现算力-电力互动的可持续性和高效性，研究人员着重研究了多种调节元素，如使数据中心的 UPS 后备电源、蓄电池、蓄热设备等储能装置，以及风电、光伏发电等可再生能源参与到数据中心算力-电力互动中来，充分挖掘数据中心作为一种需求响应资源的潜力，从而促进清洁能源消纳、平抑电网负荷峰谷差、提高数据中心供能可靠性。其中，UPS 后备电源是数据中心的关键支撑，用于在电力出现中断或波动时，保障数据中心平稳运行。蓄电池可用于储存额外的电能以平滑电力需求和提供备用电源。蓄热设备也是研究人员关注的焦点，将多余的热能储存在热媒体中，在需要时释放，用于供暖或其他用途。此外，风电和光伏发电等可再生能源作为清洁电力来源，其不稳定性和季节性波动问题需要通过储能调度来解决。王丹阳等（2023）在所设计的集成数据中心的能源站中考虑了光伏、电储能、蓄热及用于数据中心的余热回收热泵等设备，在计及电、气、热、冷多能转换互补、多区域互联互济、能量流-数据流深度耦合的基础上，对数据中心用能进行时空调度。杨挺等（2017）配合园区冗余 UPS，提出了一种新的数据中心联络线功率控制方法，在新能源 32%高渗透率的情况下，该方法仍然有效平抑了数据中心园区联络线功率波动，深入挖掘了边缘数据中心的能耗调节能力，结合在线优化算法与市场激励机制，设计了边缘数据中心能效的协同管理方法：在边缘架构自主优化方面，实现边缘负载性能与能效的协同优化，降低边缘数据中心能源消耗；在外部设施辅助优化方面，从边缘数据中心能源的"需"与"供"两方面切入，分别利用电力需求响应与废热回收供暖降低用电成本、提高能源利用率。

数据中心的算力和电力互动需要考虑多维度的优化目标，除了传统的总成本和净利润等经济指标外，研究人员还关注了更广泛的因素（包括技术可靠性、安全性、能源效率、可用性等内部技术指标，以及客户需求、标准合规性、企业社会责任、可持续性发展，特别是对可再生能源的利用程度等外部影响）。在考虑经济成本时，研究人员不仅考虑了数据中心的投资和运维成本，还考虑了与可再生能源成本相关的因素，包括风电和光伏发电的建设和维护成本，以及与负荷调节相关的费用和收益，如考虑到交互式负载延迟损失和需求响应补偿等。在成本中除考虑电网购电成本、热网购热成本、组件运维成本外，再加入数据中心系统运营商给予的需求响应补偿，这些补偿由需求响应期间减少的电负荷确定，且参与需求响应后的数据中心成本大幅降低。Yu 等（2018）构建的成本目标函数中包含了数据中心的交互式负载延迟损失，因为对于这类负载，延迟是最重要的性能指标，用户感知延迟的细微增加便会造成数据中心运营商收入的大量损失。此外，针对可再生能源的不确定性及弃风弃光等问题，Toosi 等（2017）利用数据中心地理负载均衡，以最大化多个数据中心的现场可再生能源利用率为目标，充分消纳可再生能源，减少了 17% 的棕色能源使用，同时降低了 22% 的成本。杨挺等（2017）考虑到新能源接入后对数据中心供电系统联络线功率波动带来的不利影响，以平抑数据中心园区联络线功率波动为目标，动态调整服务器集群负荷和 UPS 蓄电池组的荷电状态。兰洲等（2022）则以最大化运行净利润为目标，并引入绿证机制，利用绿证成本促使数据中心在一定范围内尽可能地鼓励用户转移进入可再生能源出力高峰时段，从而提升数据中心运行的环保性与低碳性，结果表明，加入补贴机制后，在数据中心净收益提高的同时，碳排放也降低了 7.38%。

在实现算力-电力互动的研究中，除了上述几个方面，研究人员还采用了多样化的技术、方法与工具，以满足不同的研究需求。比如，使用一种 Actor-Critic RL（reinforcement learning，强化学习）算法，在在线方案中安排工作负载，而无须知道未来时段的信息，并使用 FL（federated learning，联邦学习）来训练 Actor-Critic 网络以保证数据中心隐私，基于所提出的在线隐私保护算法，数据中心的能源成本最高降低了 14.38%。一种高效的在线控制算法 ODGWS（online delay-guaranteed workload scheduling，在线延迟保证的工作负载调度），保证容忍工作负载的最坏调度延迟，与基线算法相比，ODGWS 算法在成本降低方面约有 5% 的改进。此外，研究人员通常在不同的仿真平台上开展研究，以评估不同算法和策略的性能。这些平台包括 MATLAB、Python、LINGO 等，它们提供了丰富的工具和库，用于建模和模拟数据中心算力-电力互动。这使研究人员能够模拟不同的数据负载场景，评估不同策略的可行性，并比较它们的性能。为了深入分析和求解复杂的优化问题，研究人员常常使用如 Gurobi、CPLEX 和 OPF（optimal power flow，最优潮流）等求解器。这些工具能够解决算力-电力互动中的复杂优化问题，考虑多个约束和目标，以获取最佳的调度方案。

## 10.3　算力-电力互动挑战

尽管如此，算力与电力的互动依然面临诸多挑战。现有的数据中心商业模式下，基于灵活性的需求响应还是数据中心核心业务之外的内容，这是当前以需求侧响应或虚拟电厂为代表的新技术面临的共性问题。因此，这种需求侧响应的"副业"的普遍推广与落地还面临一些挑战或风险（图 10-3）。

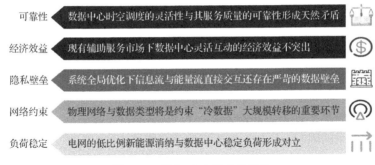

图 10-3  算力-电力互动的挑战

一是数据中心时空调度的灵活性与其服务质量的可靠性形成天然矛盾。截至 2024 年 6 月 9 日，中国第三方数据中心服务商的市场份额不断增多，占比超过 56%，其中以机柜租用、服务器代理运维、云计算业务为主。因此，算力的时空转移必须建立在保障服务质量的基础上，而算力与电力的互动势必会占用数据中心必要的备用保障的信息、网络和储能资源，严重时可能会导致整个机架宕机。同时，不同规模数据中心在硬件、运维、数据等方面的所有主体不一致，这种体制机制的烟囱模式也会阻碍数据中心与电网的灵活互动。当然，灵活性与可靠性的矛盾，随着技术的进步，将会形成合理的协同与博弈。

二是现有辅助服务市场下数据中心灵活互动的经济效益不突出。中国的电力现货市场仍在建设初期，按照现有辅助服务市场的规则，数据中心算力与电力交互的参与方式或可包含一次、二次调频和辅助服务，甚至为新能源配储，利用数据中心内部闲置 UPS 储能、建筑热容和空调形成的虚拟储能或其他柴油发电机备用电源参与电力的"峰谷套利"和"辅助服务"，但在目前现货市场下辅助服务价值驱动的算力-电力互动的经济收益十分有限，不足以引起数据中心运营商的积极响应。比如，当前调频的里程单价带来了大容量的里程门槛，调峰各省的峰谷差大约在 3∶1 的范围内，且峰谷的时间占比不高。为了较高的算力-电力互动收益，调用的电池或转移的信息负荷容量越多、时间越长，数据中心运行的可靠性必然越低，但随着高比例可再生能源的电力系统的建设，电力现货交易的电力商品价值潜力未必难以在数据中心方面发挥出来。

三是系统全局优化下信息流与能量流直接交互还存在严苛的数据壁垒。算力-电力互动的前提是已知且能够预测数据中心的能耗、负荷曲线关系以及区域电网的动态电力特征、现货市场走势和能源价格走势，而这些数据可能涉及数据中心运营商及其服务客户的业务财务、数据交易、客户隐私等敏感信息。因此，需要合理的"保管"和"治理"的机制及方式，确保数据中心和电网之间数据交换过程的隐私安全。

四是物理网络与数据类型将是约束"冷数据"大规模转移的重要环节。可容忍延迟型的"冷数据"是未来数据中心通过负荷转移实现灵活性的主力。数据在数据中心之间的大范围时空转移，不同于数据在数据中心内部机架之间的转移，其还受到不同地理位置的物理网络带宽大小以及数据类型的约束。反言之，这种"冷数据"在时间和空间转移要求关联的算力基础、网络基础和电力基础构成一个协同的有机体，或者需要一个类似综合能源服务商的中间参与者来形成多方的磋商。值得注意的是，数据之间的转移还受到被转移服务器内存大小、算力大小以及数据关联关系的限制。比如，对于哪些负荷能够转移，需要更为清晰地归纳与分类。某些工作负荷计算量不大，但却需要检索巨大的数据文件，调度此类工作负荷，意味着必须同时对这些数据进行打包和转移，负荷的差别化调度必须首先对负荷类别及其相对优先级有所识别。

五是电网的较低比例新能源消纳与数据中心稳定负荷形成对立。当前很多大型数据中心的运营比较稳定，其实时用电曲线的典型日波动特性不明显，峰谷负荷波动不超过10%，当前较低的可再生能源渗透下，这种稳定的电力负荷对于电网来说是优质的，意味着较低的购电价格，进行需求侧响应的必要性并不大。

## 参 考 文 献

兰洲, 蒋晨威, 谷纪亭, 等. 2022. 促进可再生能源发电消纳和碳减排的数据中心优化调度与需求响应策略[J]. 电力建设, 43(4): 1-9.

王丹阳, 张沈习, 程浩忠, 等. 2023. 考虑数据中心用能时空可调的多区域能源站协同规划[J]. 电力系统自动化, 47(3): 77-85.

王雨欣, 陆海波, 叶承晋, 等. 2023. 考虑多类型市场协同的互联数据中心运营策略[J]. 电力系统自动化, 47(24): 121-131.

杨挺, 李洋, 盆海波, 等. 2017. 基于需求侧响应的数据中心联络线功率控制方法[J]. 中国电机工程学报, 37(19): 5529-5540, 5830.

Abdullah M, Lu K, Wieder P, et al. 2017. A heuristic-based approach for dynamic VMs consolidation in cloud data centers[J]. Arabian Journal for Science and Engineering, 42(8): 3535-3549.

Conejero J, Rana O, Burnap P, et al. 2016. Analyzing Hadoop power consumption and impact on application QoS[J]. Future Generation Computer Systems, 55: 213-223.

Gupta G, Mangla N. 2021. Energy aware metaheuristic approaches to virtual machine migration in cloud computing[J]. IOP Conference Series: Materials Science and Engineering, 1022(1): 012050.

Shao Y L, Li C L, Gu J G, et al. 2018. Efficient jobs scheduling approach for big data applications[J]. Computers & Industrial Engineering, 117: 249-261.

Toosi A N, Qu C H, de Assunção M D, et al. 2017. Renewable-aware geographical load balancing of web applications for sustainable data centers[J]. Journal of Network and Computer Applications, 83: 155-168.

Yu L, Jiang T, Zou Y L. 2018. Price-sensitivity aware load balancing for geographically distributed Internet data centers in smart grid environment[J]. IEEE Transactions on Cloud Computing, 6(4): 1125-1135.

# 第 11 章　算力-热力耦合：原理、现状与挑战

## 导　　读

（1）算力与热力耦合中，液冷的使用给数据中心的余热回收，特别是算力-电力-热力的协同，带来了新的机遇。

（2）国内外学者对数据中心余热回收及利用进行了广泛研究，提出了包含吸收式或吸附式制冷及热泵供热等在内的技术，以提高数据中心能源利用效率。

（3）数据中心余热回收利用仍面临挑战，如低品位热能回收投资高、回收期长，新建大型数据中心远离负荷中心，企业间缺少综合供能服务平台，等等。

## 11.1　算力-热力耦合的原理与模式

算力与热力耦合，即冷却设备和空调通常占到数据中心基础设施能耗的一半以上，余热回收和冷却负荷的改进有助于提高系统效率，而且算力与热力的互动有助于提高数据中心灵活性。数据中心 IT 设备消耗高品质电力的同时，其产生的 20—90 ℃低品位热能需要向外界耗散，因此，传统数据中心用于搬运这些热能的制冷系统的能耗占到了数据中心总能耗的 30%，甚至更高（Wang et al.，2021）。如图 11-1 所示，在算力综合能源中，许多环节存在着大量的中低品位余热，且这些余热资源的温度分布范围广泛。例如，在上游能源供应侧，原动机烟气温度可高达 600 ℃，而在数据中心内部，IT 服务器机架中的不同电子元件之间也存在明显的温度差异，如对于标准服务器来说，母板、I/O 处理器的温度在 40 ℃左右，而微处理器、存储芯片的温度可达 70—80 ℃，且各元件散热占比各不相同（Huang et al.，2020）。

除了有限的自然环境冷却搬运外，数据中心低品位热能的回收利用成为关注的焦点，也成为算力与热力耦合的手段。国外有研究或工程利用热泵、吸收式制冷、换热器、低品位热能发电技术等废热驱动技术实现上述数据中心废弃低品位热能的回收利用，实现邻域或者本体建筑的采暖、制冷甚至供电。例如，EcoDataCenter 公司的设备提供 10 MW 的余热，以代替丙烷燃气锅炉，助力本地工厂木屑颗粒的干燥过程（张兴宇，2024）。谷歌在芬兰的一个数据中心利用余

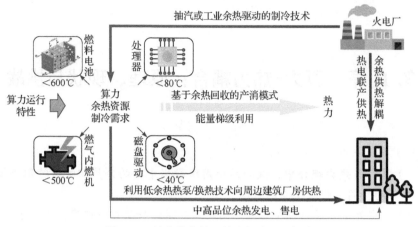

图 11-1　算力综合能源算力与热力的耦合

热来实现温室大棚的供热，实现了碳减排和农业可持续供热的兼顾（罗玉庆，2019）。中国北方的数据中心也有一些算力余热回收的案例，如腾讯天津数据中心园区办公区域面积为 9200 m²，采暖负荷为 540 kW，回收数据中心余热以替代市政供热用于冬季供暖（张向荣，2024）。

## 11.2　算力-热力耦合的基础

### 11.2.1　高密计算推动液冷应用

　　服务器的有效冷却关系到芯片的安全运行，而数据中心的高密化将引发服务器冷却方式的重大变革。传统风冷风扇转速越快，散热效果越好，风扇转动耗能越高，但由于风冷的散热系数较低，当转速达到某个临界点后散热效果提升有限，因此当服务器的功率密度大幅提升后，风冷难以满足服务器散热需求。转速达到临界点后散热效果提升有限，功耗却上升明显，数据中心 PUE 还会显著增高。对比来看，液体传热性能远远优于空气，其传热系数为空气的 15—25 倍。因此，液冷已成为服务器功耗和散热高密化的重要保障技术。如图 11-2 所示，相对于风冷散热，液冷散热方式因具有换热系数大、吸热温度均匀、循环功耗小的特点而具有显著优势（肖新文，2022）。冷板式微通道单相冷却的对流换热系数要远小于冷板式微通道两相蒸发冷却的对流换热系数。

　　经过多年的探索及发展，目前实际应用于数据中心的液冷主要有两种方式：浸没式及冷板式。浸没式液冷将服务器里面的所有硬件直接浸泡在工程液体中，依靠流动的工程液体吸收服务器的发热量。按照工程液体散热过程中是否发生相变，可以分为单相浸没式液冷及两相浸没式液冷。单相浸没式液冷中，冷却液在

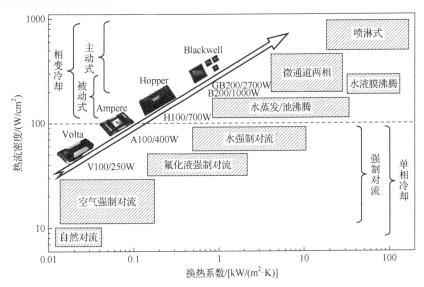

图 11-2 各冷却方式在服务器芯片散热中主要适用范围分布图

散热过程中始终维持液态，不发生相变，低温的冷却液与发热电子元器件直接接触换热，温度升高后进入板式换热器，被室外侧冷却系统冷却后重新进入液冷槽冷却服务器。整个散热过程中冷却液无挥发流失，控制简单。两相浸没式液冷中，浸泡在液冷槽冷却液中的服务器产生的热量使冷却液温度升高，当温度达到其沸点时，冷却液开始沸腾，同时产生大量气泡。气泡逃逸至液面上方，在液冷槽内形成气相区，气相区的冷却液被冷凝管冷却凝结成液体后返回液冷槽液相区。冷凝管中与冷却液换热后被加热的水由循环泵驱动进入室外散热设备进行散热，冷却后的水再次进入冷凝管进行循环。两相浸没式液冷的冷却液在散热过程中发生了相变，利用了冷却液的蒸发潜热，具有更高的传热效率，但是相变过程中存在压力波动，控制复杂。例如，阿里云高可靠数据中心浸没液冷架构系统采用极简设计，将服务器浸泡在特殊的绝缘冷却液里，运算产生的热量可被直接吸收进入外循环冷却，全程用于散热的能耗几乎为零，节能效果超过 70%，实现了数据中心 100%无机械制冷（阿里云计算有限公司，2024）。

冷板式液冷的冷却液不与服务器元器件直接接触，而是通过冷板进行换热，所以称之为间接液冷。为了增大换热系数，目前绝大多数的服务器芯片采用微通道冷板。与浸没式类似，依据冷却液在冷板中是否发生相变，分为单相冷板式液冷及两相冷板式液冷。两相冷板式液冷利用液泵驱动液态冷媒进入冷板，吸热后蒸发成气态，再利用水冷冷凝器冷却成液态，并将热量排入冷却水系统，冷却后的冷媒进入集液器进行气液分离，之后进入过冷器过冷，以确保液泵吸入口为液态冷媒，然后液泵驱动冷媒反复循环，也可以利用压缩机循环，从冷板蒸发出来的冷媒通过压缩机压缩后再进入水冷冷凝器冷却，通常将液泵及压缩机两套系统设计成互为备用的系统。两相冷板式液冷系统复杂，而且在狭小的冷板中蒸发汽化会影响冷却液的流量稳定，引起系统的压力及温度波动，最终可能导致过热。两相冷板式液冷在数据中心的实际应用案例并不多见。单相冷板式液冷是采用泵驱动冷却液流过芯片背部的冷板通道，冷却液在通道内通过板壁与芯片进行换热，带走芯片的热量。换热后的冷却液在换热模块中散热冷却。

### 11.2.2　数据中心液冷技术优势

面对日益增加的高密度计算需求，采用液冷技术正成为数据中心高效散热问题的主导解决方案。其主要优势在于高效导热和散热能力，尤其在应对高热流密度组件时，液冷系统较风冷系统具有明显的性能和技术优势。

（1）传热系数高、换热面积小。在服务器芯片散热过程中，冷却工质与热源之间交换的热量可表示为 $Q = hA\Delta t_{\mathrm{m}}$。其中，$h$ 为对流换热系数，$A$ 为换热面积，$\Delta t_{\mathrm{m}}$ 为冷却工质与热源之间的对数平均温差。在数据中心的运行场景下，液冷比风冷所能获得的对数平均温差更大，且在当前的技术背景下液冷的对流换热系数远大于风冷，导致液冷在服务器侧所需换热面积相对小很多，具有更好的兼容性和更高的空间利用率。若采用两相液冷，更高的对流换热系数使得该特点相较于风冷系统所具有的优势更加明显。

（2）自然传热温差大、自然冷却时间长。冷却液直接与 IT 服务器换热器接触，减少了工质与芯片之间的传热热阻，其换热器出口冷却液所能达到的温度更高，与外界形成的传热温差更大。因此，相较于风冷，液冷能够利用更多的自然冷源。比如，浸没式液冷一次侧的回水温度可以达到 45 ℃（陈石鲁等，2023），背板式液冷冷却液的进回水温度可以达到 35 ℃或更高（肖新文，2020），冷板式液冷一次侧的进回水温度则更高，而列间精密空调的制冷系统或者间接蒸发冷却的二次侧回水温度一般都较低。同时，两相液冷余热温度更高，若将其用于数据中心周边建筑的生活热水供应和冬季零碳供暖，其供热质量和经济性更好。

（3）相变潜热大、循环侧功耗小。相比于风冷，液冷本身具有更高的比热容和导热系数，且能通过流道设计更精准地将热量带出，换热热阻更小，所需冷却温度也更高，使得系统为提供冷却所需低温介质和对流换热强度而额外消耗的能量更少。另外，相比单相液冷，两相液冷利用冷却液的相变蒸发传热过程对设备进行冷却，在相同入口流量下具有更大的传热系数和更好的温度均匀性，在高热流密度服务器芯片散热场景下优势更大。根据已有研究，在相同的换热量及传热温差下，两相蒸发冷却所需质量流量比单相液冷减少 70%（王佳选等，2023），此时对应的工质泵功耗也更低。

## 11.3 算力-热力耦合的现状

近年来，针对数据中心巨量余热浪费的现状，国内外学者对数据中心余热的收集和利用进行了广泛而深入的研究，提出了多种方法和方案。总的来说，研究人员主要利用数据中心低品位余热来进行发电、供热或制冷（图 11-3）。

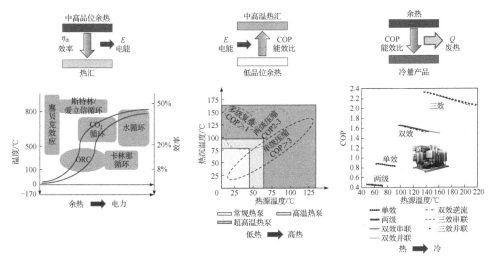

图 11-3 算力与热力耦合技术路径

（1）余热供热方面，数据中心的低温余热可用于周边区域供暖、园区办公、周边发电厂的给水预热、温室养殖等，尤其是在纬度较高的地区，可有效帮助用户降低冬季用热成本，同时也可以为数据中心运营商带来一定收益。比如，Jang 等（2022）研究了水源热泵系统利用数据中心余热进行住宅区居民供暖的方案，结果表明与传统系统相比，该方案使数据中心和住宅区的能耗分别减少12.3%和31.2%，并减少了28.7%的二氧化碳排放，同时降低了水源热泵系统结冰风险。Li 等（2021）研究了二氧化碳作为工质在跨临界状态下运行的二氧化碳跨临界热泵系统，通过该系统利用数据中心余热进行区域供暖，与普通供暖方式相比，余热供暖系统可以使能源成本降低 23%—75%，而且相比于燃气供暖，每年碳排放可减少 12 880 t。此外，有学者研究了使用空气源热泵代替机械冷却来消除案例数据中心产生的热量，并为其毗邻的面积为 416 m² 的办公楼供暖的可行性，结果表明，该方案每年可使周边建筑节省天然气 35 000 m³，数据中心节省电能 20.8 MW·h（Deymi-Dashtebayaz and Valipour-Namanlo，2019）；王小元等（2020）构建了一种基于二氧化碳热泵的产消型数据中心能源系统，采用空气直接冷却、直膨式地埋管冷却和建筑供暖末端冷却三种方式实现数据中心全年的冷却，最大程度利用自然冷却，降低系统电耗。郭晓宇（2023）利用地源热泵系统，实现冷负荷为 10 MW 级的数据中心全时段余热利用，年余热回收量为 88 GW·h，相当于年节省标准煤 1.08 万 t，结合土壤源自然回热，共可提供 113.7 GW·h 热量用于供暖。黄若琳（2018）提出了一种针对供暖季的节能方案，即通过停机冷水机组并采用冷冻水热回收-水源热泵复合供暖系统，以利用稳定且相对高温的 12 ℃/18 ℃冷冻水作为低品位热源，结果表明系统功能季节能量效率为 38.26%。目前，热泵等换热方式在很多国内外数据中心工程上已经得到采用。

（2）余热制冷方面，学者主要探讨了利用吸收式制冷机进行数据中心余热的再利用，以此节省大量电力。其中，典型的吸收式制冷循环将两种沸点相差较大的物质组成的二元溶液作为工质。其中沸点低的物质为制冷剂，沸点高的物质为吸收剂。通过加热使制冷剂从溶液中逸出，经冷凝、节流后蒸发吸热制冷。然后，蒸汽在低压下被溶液中的吸收剂吸收，放出的热量由冷却水带走，溶液复原、升压后重新被加热，完成一个制冷循环。例如，Ebrahimi 等（2015）研究对比了溴化锂-水和水-氨吸收式制冷系统的性能，通过敏感性分析，在服务器废热质量、服务器冷却剂类型、溶液峰值浓度、溶液热交换器效率、蒸发器温度，以及操作压力等方面对系统性能的影响进行了研究。Gupta 和 Puri（2021）使用硅胶-水吸附式冷水机组，以硅胶为吸附剂材料，从液冷机架产生的热水流中提取废热，热水驱动吸附式制冷过程并产生冷冻水用以冷却，结果表明该方案可以提高节能效率 22.5%并减少二氧化碳排放 104 t。Pan 等（2021）从主要部件投资、运行费用、投资回收期等方面对硅胶-水吸附制冷系统在太阳能及数据中心余热利用中的应用进行了经济性评价，结果发现，与传统数据中心制冷解决方案相比，吸附制冷机回收数据中心废热的投资回收期不到一年，经济性较好。

（3）余热发电方面，最常用的技术之一是通过 ORC 直接发电。ORC 的工作原理与蒸汽兰金循环相同，但因其将沸点低得多的有机流体作为工作流体，所以可以将数据中心的低品位废热作为热源。比如，Araya 等（2018）使用热水循环代替数据中心的废热，将其作为 20 kW 的热源，实验发现废热温度从 60 ℃增加到 85 ℃且废热增加 40%，膨胀剂输出功率增加 56.9%，表明 ORC 在超低温度下仍可回收大量能量。因此尽管 ORC 热效率较低，但因为其既吸收了数据中心的废热从而取代了冷却设备，同时又以电力的形式为数据中心提供经济效益，故 ORC 的低热效率并不妨碍其可行性。Marshall 和 Duquette（2022）研究了使用热泵辅助高性能算法-有机兰金循环（HPA-ORC, high performance algorithm-organic Rankine cycle）系统进行数据中心余热回收。结果表明，从经济可行性的角度来看，HPA-ORC 系统比空气源热泵制冷机成本更低，且盈利能力随着服务器利用率的提高而提高。Ebrahimi 等（2017）从热力学和经济学角度评估了 ORC 系统在利用数据中心废热方面的有效性，认为 R134a 和 R245fa 分别是服务器冷却剂和 ORC 工质的最佳选择，也可以使用更环保的 R1234ze 来代替，且在数据中心使用 ORC 的投资回收期为 4—8 年。Zhou 等（2024）研究并比较了区域供热和基于 ORC 的废热回收系统的热力学性能、经济性和环境性能，结果发现，对于北京（华北）、上海（华东）、深圳（华南）和庆阳（西北）等城市的现有数据中心，北京、庆阳两地供暖需求量大，初期投资成本低，余热适合用于民用供暖；深圳电价相对较高，供暖需求量低，使用 ORC 进行余热发电性价比最高；上海供热输送距离在 10 km 以内，建议用于民用供暖，10 km 以外建议采用 ORC 发电。

## 11.4　算力-热力耦合的挑战

算力与热力耦合依然面临诸多挑战。数据中心的余热属于低品位余热，意味着其利用回收需要较高的投资以及较长的回收期。同时，新建大型数据中心一般远离冷热负荷中心，其余热利用需要考虑管网问题。另外，数据中心往往业务单一，对综合能源服务商的生态还不熟悉，企业间也缺少平台服务中间商的拉通，综合供能的服务模式仍在商业初期。数据中心吸收式/吸附式制冷能够实现余热的本地化利用，或将成为数据中心余热利用的新趋势。

（1）数据中心余热的发电利用。一方面，虽然可以直接利用数据中心 IT 设备的液冷余热来驱动 ORC 发电，回收部分液冷余热并降低温度，但是该温度下 ORC 的发电效率仅达 3%，且 ORC 系统的装机投资大于 4000 元/kW，因此难以实现寿命周期内的投资回收。另一方面，尽管中国正在探索"隔墙售电"的市场机制，但根据现有增量配电网、分布式能源系统的一些工程示范的效果，在数据中心算力综合能源的厂区内进行余热发电的"自供自用"，可能是目前余热发电后唯一的利用方式。

（2）数据中心余热的热泵利用。其一，尽管水源热泵的 COP 高于空气源热泵，但利用水源热泵回收数据中心余热的集中式供热模式，难以与靠近用户末端、分散式的空气源热泵供热形成比较优势；其二，很多用户夏季无供热需求，加上新建供热系统在一次网和二次网上的管网投入，采用数据中心集中式热泵进行余热回收的经济性会有所降低；其三，新建大型数据中心一般远离负荷中心，而受空间、运行条件的限制，现有老旧中小型数据中心热泵余热回收的改造代价较大，因此，业主进行余热回收改造的动力较小；其四，不同于国外一些以分散式供热为主的模式，中国以集中式供热为主的模式增大了中小型数据中心进行余热回收的难度。

（3）数据中心余热的制冷利用。吸收式和吸附式制冷技术的发展为数据中心余热驱动的自制冷提供了条件。与压缩式制冷相比，吸收式或吸附式制冷具有较小的 COP 值，在数据中心余热情景下，对应两级溴化锂制冷系统 COP 值在 0.4 左右。尽管这种方法可利用免费的余热来实现数据中心关键设备的冷却，但较低的 COP 值意味着 CPU、GPU 的驱动热量不足以满足其他设备的散热需求，因此仍需要借助常规电制冷系统进行补充。同时，较低的 COP 值也意味着吸收式制冷机组将散发出更多的热量，因此数据中心会额外增加对水资源的消耗，进而影响到数据中心的整体水资源利用效率。

（4）自然冷却方式对余热回收产生的竞争压力。余热利用的数据中心目前无法获得良好的经济效益，而自然冷却可能成为数据中心余热利用的竞争对手。尽管自然冷却会直接浪费可利用的余热，但其较低的能耗使其在数据中心 PUE 优化方面具备优势。需要注意的是，在全球变暖和极端气候影响下，自然冷却仍需依赖水冷机组作为备用冷源。如果考虑到水冷余热回收利用潜力，可能需要重新评估自然冷却方式的必要性，并进一步根据实际情况进行因地制宜的论证。

（5）低品位余热发电回收与现有中高品位余热回收技术的竞争。相比于钢铁、水泥、玻璃等中高品位余热的回收，数据中心低品位余热回收在技术和经济上难以形成比较优势。例如，数据中心周边工业余热的回收还没有实现大规模成熟利用，因此其比较优势和时间窗口还有待进一步验证。可以考虑利用数据中心周边区域的中高品位工业余热驱动吸收式或吸附式制冷，实现数据中心的供冷，这也是当前综合能源服务的新兴领域，不难想象，这类技术和模式的关键是制冷和售冷价格政策制定以及用能的可靠性。

## 参 考 文 献

阿里云计算有限公司. 2024. 阿里云仁和数据中心：打造面向未来的"大数据中心服务"核心竞争力[J]. 信息化建设, (2): 23-24.

陈石鲁, 张小松, 赵善国. 2023. 基于蒸发冷却的数据中心热管背板空调系统研究[J]. 制冷学报, 44(5): 32-40.

郭晓宇. 2023. 严寒地区数据中心土壤辅助制冷及余热回收供暖技术研究[D]. 秦皇岛：燕山大学.

黄若琳. 2018. 大型数据中心机房冷却系统研究与优化[D]. 重庆：重庆大学.

罗玉庆. 2019. 大型数据中心余热回收利用节能研究[J]. 节能, 38(8): 46-48.

王佳选, 宋霞, 高天元, 等. 2023. 高热流密度航空电子泵驱两相流冷却系统实验研究[J]. 制冷学报, 44(1): 50-58.

王小元, 赵军, 王永真, 等. 2020. 基于 $CO_2$ 热泵的产消型数据中心能效联动优化[J]. 南方能源建设, 7(3): 28-37.

肖新文. 2020. 直接接触冷板式液冷冷却数据中心的热回收探讨[J]. 建筑节能, 48(2): 69-73.

肖新文. 2022. 数据中心液冷技术应用研究进展[J]. 暖通空调, 52(1): 52-65.

张向荣. 2024. 区域能源与数据中心融合项目应用实例分析[J]. 节能与环保, (3): 56-61.

张兴宇. 2024. 数据中心余热利用现状探析[J]. 能源与节能, (9): 34-36.

Araya S, Jones G F, Fleischer A S. 2018. Organic Rankine cycle as a waste heat recovery system for data centers: design and construction of a prototype[R]. San Diego: 2018 17th IEEE Intersociety Conference on Thermal and Thermomechanical Phenomena in Electronic Systems (ITherm).

Deymi-Dashtebayaz M, Valipour-Namanlo S. 2019. Thermoeconomic and environmental feasibility of waste heat recovery of a data center using air source heat pump[J]. Journal of Cleaner Production, 219: 117-126.

Ebrahimi K, Jones G F, Fleischer A S. 2015. Thermo-economic analysis of steady state waste heat recovery in data centers using absorption refrigeration[J]. Applied Energy, 139: 384-397.

Ebrahimi K, Jones G F, Fleischer A S. 2017. The viability of ultra low temperature waste heat recovery using organic Rankine cycle in dual loop data center applications[J]. Applied Thermal Engineering, 126: 393-406.

Gupta R, Puri I K. 2021. Waste heat recovery in a data center with an adsorption chiller: technical and economic analysis[J]. Energy Conversion and Management, 245: 114576.

Huang P, Copertaro B, Zhang X X, et al. 2020. A review of data centers as prosumers in district energy systems: renewable energy integration and waste heat reuse for district heating[J]. Applied Energy, 258: 114109.

Jang Y, Lee D C, Kim J, et al. 2022. Performance characteristics of a waste-heat recovery water-source heat pump system designed for data centers and residential area in the heating dominated region[J]. Journal of Building Engineering, 62: 105416.

Li J, Yang Z, Li H L, et al. 2021. Optimal schemes and benefits of recovering waste heat from data center for district heating by $CO_2$ transcritical heat pumps[J]. Energy Conversion and Management, 245: 114591.

Marshall Z M, Duquette J. 2022. A techno-economic evaluation of low global warming potential heat pump assisted organic Rankine cycle systems for data center waste heat recovery[J]. Energy, 242: 122528.

Pan Q W, Peng J J, Wang R Z. 2021. Application analysis of adsorption refrigeration system for solar and data center waste heat utilization[J]. Energy Conversion and Management, 228: 113564.

Wang X Y, Li H, Wang Y Z, et al. 2021. Energy, exergy, and economic analysis of a data center energy system driven by the $CO_2$ ground source heat pump: prosumer perspective[J]. Energy Conversion and Management, 232: 113877.

Zhou X, Xin Z C, Tang W Y, et al. 2024. Comparative study for waste heat recovery in immersion cooling data centers with district heating and organic Rankine cycle (ORC)[J]. Applied Thermal Engineering, 242: 122479.

# 第12章 数据中心算力综合能源的规划

## 导　　读

（1）借鉴生态学能值理论，将能源、资源、设备及劳动力等投入，统一为可加的太阳能能值，能够统一数据中心综合能源系统多维度输入之间的量纲。

（2）以能值可持续性为优化目标对数据中心综合能源系统进行优化，从能值结构、能值指标、能值流等方面进行对比分析。

## 12.1　数据中心低碳综合能源系统简介

数据中心综合能源系统的能量流示意图如图 12-1 所示。目前，传统数据中心供能系统主要包括离心式制冷机、燃气锅炉、市电、备用电源及 UPS。

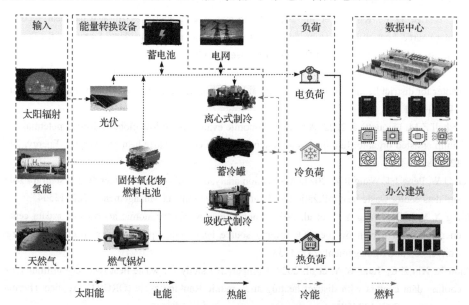

图 12-1　数据中心综合能源系统的能量流示意图

与传统供能系统相比，基于能量梯级利用原则的综合能源系统可以有效提升能源利用效率，同时达到减少能源耗量、降低运行成本及保护环境的目的。

本章设计的数据中心综合能源系统，除了前述传统供能系统所包含的主要部件外，还加入了光伏机组、以固体氧化物燃料电池（solid oxide fuel cell，SOFC）为原动机的冷热电联供（combined cooling heat and power，CCHP）系统、吸收式制冷机及储能电池等设备。光伏、市电、CCHP 系统共同满足数据中心的电负荷需求，离心式制冷机、吸收式制冷机则满足冷负荷需求。此外，CCHP 系统产生的余热不仅可满足数据中心园区热负荷需求，同时也用于吸收式制冷机，大幅提高能源利用效率。储能电池用于储存多余的电能，并在电负荷增大时释放。

## 12.2　数据中心综合能源系统的能值评价

数据中心综合能源系统是多种能源形式、多种能源设备与人力资源的耦合，具有技术复杂度高、多方指标相互博弈的特点，对系统的性能评价与优化提出了新的挑战。依靠单一的能源环境或者经济性指标很难对该系统进行合理的评价，为此，本书引入能值理论方法，该理论认为地球上几乎所有能量都来自太阳能，因此可以用太阳能能值来表示能量或物质内部所蕴含的太阳能总量，单位为太阳能焦耳（solar emjoules，sej）。与其他方法相比，能值理论通过能值转化率（每单位能量或物质所具有的太阳能能值）将各类能量或物质统一转化为太阳能能值，克服了以往只在经济、环境层面分析评价能源系统的局限性，可以用来全面评估能源系统及其可持续性，是一种更为全面、完整的系统评估方法。与能源系统相关的输入输出能值主要分为四类，即输入方面的本地可再生能源能值 $R$、不可再生能源能值 $N$ 及经济投入能值 $F$（包含运维、人力、资产三部分），以及输出方面的输出能源产品的能值 $Y$。输出能源产品的能值 $Y$ 满足：

$$Y = R + N + F \tag{12-1}$$

基于前述数据中心综合能源系统架构，本章在进行能值分析时，对四种不同类型的输入输出流进行细化处理，能值分析示意图如图 12-2 所示。

在上述各项能量流中，对于某个能量流 $E$，其能值为

$$E_m = \mathrm{ET}_r \tag{12-2}$$

式中，$E_m$ 为对应能量流的能值；$\mathrm{ET}_r$ 为对应能量流的能值转换率。能值转换率是指每单位某种能量或物质形成过程中直接或间接消耗的太阳能总量，即单位物质所具有的太阳能除以其包含的能量。

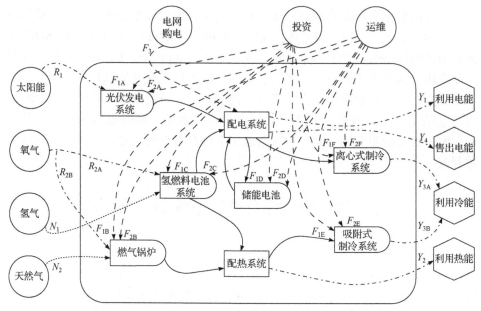

图 12-2　数据中心综合能源系统能值分析示意图

# 12.3　数据中心综合能源系统的优化求解

数据中心综合能源系统的优化求解包括目标函数设置、等式约束和不等式约束的刻画以及求解策略的安排等内容。

本节将各设备出力情况选作决策变量，并根据对应设备出力情况确定装机容量。模型的优化目标为最小化年总费用（$F_{\mathrm{ATC}}$）、最小化年碳排量（$T_{\mathrm{ACF}}$）及最大化能值可持续性指数（emergy sustainability index，ESI）：

$$\begin{cases} \min F_{\mathrm{ATC}} \\ \min T_{\mathrm{ACF}} \\ \max \mathrm{ESI} \end{cases} \quad\quad （12\text{-}3）$$

基于上述目标函数，本节设置四种方案：①年总费用最优；②年碳排量最优；③年总费用及年碳排量双目标最优；④ESI 最优。

1. 目标函数

1）年总费用

该指标代表了系统的经济性，由年等额投资成本、年燃料费用、年维护费用及年购电费用组成：

$$F_{\text{ATC}} = F_{\text{inv}} + F_{\text{fuel}} + F_{\text{m}} + F_{\text{g}} \tag{12-4}$$

式中，$F_{\text{inv}}$ 为年等额投资成本（元）；$F_{\text{fuel}}$ 为年燃料费用（元）；$F_{\text{m}}$ 为年维护费用（元）；$F_{\text{g}}$ 为年购电费用（元）。

年等额投资成本的公式为

$$F_{\text{inv}} = f_{\text{cr}} \sum_{e=1}^{I} C_e p_{\text{inv},e} \tag{12-5}$$

式中，$I$ 为设备的总数；$C_e$ 为设备 $e$ 的优化装机容量；$p_{\text{inv},e}$ 为设备 $e$ 的单位容量投资成本；$f_{\text{cr}}$ 为资本回收因子，表示为

$$f_{\text{cr}} = \frac{i}{1-(1+i)^{-n}} \tag{12-6}$$

式中，$i$ 为利率；$n$ 为设备的生命周期（年）。

年燃料费用的表达式为

$$F_{\text{gas}} = E_{\text{gas}} p_{\text{gas}} \tag{12-7}$$

$$F_{\text{H}_2} = E_{\text{H}_2} p_{\text{H}_2} \tag{12-8}$$

$$F_{\text{fuel}} = F_{\text{gas}} + F_{\text{H}_2} \tag{12-9}$$

式中，$F_{\text{fuel}}$ 为年燃料费用；$F_{\text{gas}}$ 为天然气采购费用（元）；$F_{\text{H}_2}$ 为氢气采购费用（元）；$p_{\text{gas}}$ 为天然气的单位热值价格[元/（kW·h）]；$p_{\text{H}_2}$ 为氢气价格（元/kg）；$E_{\text{H}_2}$ 为综合能源系统全年氢气使用量（kg）；$E_{\text{gas}}$ 为综合能源系统全年天然气使用量（kW·h）。

$$E_{\text{gas}} = \sum_{s=1}^{S} \sum_{h=1}^{D} \frac{H_{\text{B},s,h}}{\eta_{\text{B}}} \tag{12-10}$$

式中，$S$ 为夏季、冬季和过渡季的天数；$D$ 为典型日设备运行小时数；$H_{\text{B},s,h}$ 为燃气锅炉在 $s$ 季节第 $h$ 小时的产热功率（kW）；$\eta_{\text{B}}$ 为燃气锅炉热效率，角标 B 为燃气锅炉。

年维护费用的表达式为

$$F_{\text{m}} = \sum_{s=1}^{S} \sum_{h=1}^{D} \sum_{e=1}^{I} P_{e,s,h} p_{\text{m},e} \tag{12-11}$$

式中，$P_{e,s,h}$ 为设备 $e$ 在 $s$ 季节第 $h$ 小时的功率；$p_{\text{m},e}$ 为设备 $e$ 的单位维护费用。

年购电费用的表达式为

$$F_{\mathrm{g}} = \sum_{s=1}^{S} \sum_{h=1}^{D} \Big[ \delta_{\mathrm{g},s,h} E_{\mathrm{g/b},s,h} p_{\mathrm{g/b},h} - \big(1 - \delta_{\mathrm{g},s,h}\big) E_{\mathrm{g/o},s,h} p_{\mathrm{g/o},h} \Big] \qquad （12-12）$$

式中，$E_{\mathrm{g/b},s,h}$ 为在 $s$ 季节第 $h$ 小时电网购电功率（kW）；$E_{\mathrm{g/o},s,h}$ 为在 $s$ 季节第 $h$ 小时售卖给电网的功率（kW）；$p_{\mathrm{g/b},h}$ 和 $p_{\mathrm{g/o},h}$ 分别为购电价、售电价，角标 g/b 和 g/o 分别为购电、售电；$\delta_{\mathrm{g},s,h}$ 为二进制变量，限制系统在同一时刻只能购电或售电。

2）年碳排量

碳排放来自电网购电、使用天然气与氢气，分别用相对应的碳排放因子进行计算，其公式如下：

$$T_{\mathrm{ACF}} = \sigma_{\mathrm{grid}} \sum_{s=1}^{S} \sum_{h=1}^{D} (E_{\mathrm{g/b},s,h} + \sigma_{\mathrm{gas}} E_{\mathrm{gas}} + \sigma_{\mathrm{H_2}} E_{\mathrm{H_2}}) \qquad （12-13）$$

式中，$\sigma_{\mathrm{grid}}$、$\sigma_{\mathrm{gas}}$ 和 $\sigma_{\mathrm{H_2}}$ 分别为电网、天然气和氢气的碳排放因子，具体值如表 12-1 所示。

表 12-1　环境参数及碳排放因子

| 名称 | 碳排放因子/[g/（kW·h）] |
|---|---|
| 天然气 | 180.0 |
| 电网 | 682.6 |
| 氢气 | 43.8 |

3）ESI

ESI 可理解为系统在保障生产增长的同时，协调利用资源的永续性和生态环境的优化能力，当 ESI<1 时，生产系统的可持续性较差，当 1<ESI<5 时，说明系统具备更好的可持续性。ESI 为能值产出率（emergy yield ratio，EYR）与环境负载率（environmental loading ratio，ELR）的比值。能值产出率为输出能源产品的能值与经济投入能值之比，被用于评估系统的产出效率。环境负载率则被用来评估系统对环境的压力，其计算方式为将不可再生能源能值与经济投入能值相加，然后将结果与本地可再生能源能值进行对比。具体公式如下：

$$\mathrm{ESI} = \frac{\mathrm{EYR}}{\mathrm{ELR}} \qquad （12-14）$$

$$\mathrm{EYR} = \frac{Y}{F} \qquad （12-15）$$

$$\text{ELR} = \frac{N + F}{R} \tag{12-16}$$

**2. 约束条件**

对系统中各机组设备运行情况进行约束，包括等式约束和不等式约束，等式约束包括设备能量转换、储能充放电及能量平衡约束，不等式约束包括设备的启停、出力上下限等约束。其中，数据中心的冷负荷由半经验方程获得。

（1）太阳能光伏发电是利用光伏板将太阳辐射能直接转换为电能，主要受光伏板面积及太阳辐照强度影响，其约束如下：

$$\begin{cases} P_{\text{PV}} = P_{\text{STC}} \left[ 1 + \varepsilon \left( T_{\text{m}} - T_{\text{STC}} \right) \right] \dfrac{S}{S_{\text{STC}}} \\ T_{\text{m}} = T + 0.0138 S (1 - 0.042 v)(1 + 0.031 T) \end{cases} \tag{12-17}$$

式中，$P_{\text{PV}}$ 为光伏发电输出功率（kW）；$\varepsilon$ 为温度系数；$T_{\text{m}}$ 为光伏组件实际温度（K）；$T$ 和 $S$ 分别为实际环境温度和太阳辐射强度；$P_{\text{STC}}$、$T_{\text{STC}}$ 和 $S_{\text{STC}}$ 分别为在标准测试条件（standard test conditions，STC）下的最大发电功率（kW）、环境温度（25℃）和太阳辐射强度（1000 W/m$^2$）；$v$ 为风速。

（2）SOFC 是一种高温燃料电池，能够将化学能直接转化为电能，无须经过热能、机械能的中间转换，效率较高，其约束如下：

$$\begin{cases} P_{\text{FC}} = G_{\text{H}_2} \eta_{\text{FC,P}} \text{HV}_{\text{H}_2} \\ H_{\text{FC}} = G_{\text{H}_2} \eta_{\text{FC,H}} \text{HV}_{\text{H}_2} \\ P_{\text{FC,min}} \leqslant P_{\text{FC}} \leqslant P_{\text{FC,max}} \end{cases} \tag{12-18}$$

式中，$P_{\text{FC}}$ 为 SOFC 的输出电功率（kW）；$G_{\text{H}_2}$ 为消耗的氢气速率（kg/s）；$\eta_{\text{FC,P}}$ 为 SOFC 的发电效率；$\eta_{\text{FC,H}}$ 为 SOFC 的热效率；$\text{HV}_{\text{H}_2}$ 为氢气的热值，取 142 MJ/kg；$H_{\text{FC}}$ 为 SOFC 的热输出功率。

（3）储能电池可以平抑可再生能源波动性，且具备传统数据中心供能系统中 UPS 的作用，市电中断情况下，可以保证数据中心仍能正常运转一段时间，提高系统可靠性及经济性，其约束如下：

$$\begin{cases} \alpha_{\text{BA/d}} + \alpha_{\text{BA/c}} \leqslant 1 \\ 0 \leqslant P_{\text{BA/d}} \leqslant \alpha_{\text{BA/d}} P_{\text{BA/dmax}} \\ 0 \leqslant P_{\text{BA/c}} \leqslant \alpha_{\text{BA/c}} P_{\text{BA/cmax}} \\ S_{\text{min}} \leqslant S_h \leqslant S_{\text{max}} \\ S_h C_{\text{BA}} = S_{h-1} C_{\text{BA}} - \dfrac{P_{\text{BA/d}}}{\eta_{\text{BA/d}}} + \eta_{\text{BA/c}} P_{\text{BA/c}} \end{cases} \tag{12-19}$$

式中，$P_{BA/c}$ 和 $P_{BA/d}$ 分别为储能电池的充电和放电功率（kW）；$\alpha_{BA/c}$ 和 $\alpha_{BA/d}$ 均为二进制变量，分别表示储能电池的充电和放电状态；$P_{BA/cmax}$ 和 $P_{BA/dmax}$ 分别为储能电池的最大充电和放电功率（kW）；$S_{min}$ 和 $S_{max}$ 分别为储能电池最小和最大荷电状态；$S_h$ 和 $S_{h-1}$ 分别为储能电池在第 $h$ 和 $h-1$ 小时的荷电状态；$C_{BA}$ 为储能电池的容量（kW·h）；$\eta_{BA/c}$ 和 $\eta_{BA/d}$ 分别为储能电池的充电和放电效率。

（4）采用离心式制冷机与吸收式制冷机共同来满足数据中心冷负荷，离心式制冷机需用电能驱动运行，吸收式制冷机则以 SOFC 余热为驱动热源，余热不足时由燃气锅炉补足，其约束如下：

$$\begin{cases} Q_{AC} = \eta_{AC} H_{AC} \\ Q_{CC} = \eta_{CC} P_{CC} \\ Q_{AC,min} \leqslant Q_{AC} \leqslant Q_{AC,max} \\ Q_{CC,min} \leqslant Q_{CC} \leqslant Q_{CC,max} \end{cases} \quad (12\text{-}20)$$

式中，$Q_{AC}$、$Q_{CC}$ 分别为吸收式制冷机、离心式制冷机的制冷功率（kW）；$\eta_{AC}$、$\eta_{CC}$ 分别为吸收式制冷机、离心式制冷机的能效比；$P_{CC}$ 为离心式制冷机的电输入功率（kW）；$H_{AC}$ 为吸收式制冷机吸收的热量（kW）。

（5）热负荷首先由 SOFC 发电余热满足，剩余由燃气锅炉补足，其约束如下：

$$\begin{cases} H_B = \eta_B G_B \\ H_{B,min} \leqslant H_B \leqslant H_{B,max} \end{cases} \quad (12\text{-}21)$$

式中，$H_B$ 为燃气锅炉的供热功率（kW）；$\eta_B$ 为燃气锅炉的热效率；$G_B$ 为燃气锅炉的天然气使用量（kW·h）。

（6）数据中心电负荷主要由 IT 机房服务器和办公等其他区域构成。IT 机房服务器的实时功耗与其闲置状态下的空闲功耗、最大功耗、利用率等参数有关，其约束如下：

$$P_{de} = P_{server} + P_{other} \quad (12\text{-}22)$$

$$P_{server} = P_{server,idle} + \left( P_{server,max} - P_{server,idle} \right) u_{server} \quad (12\text{-}23)$$

式中，$P_{de}$ 为数据中心电负荷（kW）；$P_{server}$ 为 IT 机房服务器功率（kW）；$P_{other}$ 为办公等其他区域功耗（kW）；$P_{server,idle}$、$P_{server,max}$、$u_{server}$ 分别为 IT 机房服务器空闲功耗（kW）、最大功耗（kW）和利用率。

（7）数据中心冷负荷由 IT 机房服务器功率及负载系数表征，负载系数越高则对应服务器产生的热能越低，数据中心冷负荷也越低，对于典型日负载系数，本书选取冬季为 1.94，夏季为 1.39，过渡季为 1.665，冷负荷约束如下：

$$Q_{de} = \frac{P_{server}}{LF} \quad (12\text{-}24)$$

式中，$Q_{de}$ 为数据中心冷负荷（kW）；LF 为负载系数。

（8）在数据中心综合能源系统中，各设备除满足上述各部件运行约束外，还应满足冷热电平衡，其约束如下：

$$P_{de} = P_{PV} + P_{FC} + P_{BA} + P_G - P_{CC} \qquad (12\text{-}25)$$

$$Q_{de} = Q_{AC} + Q_{CC} \qquad (12\text{-}26)$$

$$H_{de} = H_B + H_{FC} - \frac{Q_{AC}}{\eta_{AC}} \qquad (12\text{-}27)$$

式中，$H_{de}$ 分别为数据中心热负荷；$P_{BA}$ 为储能电池与系统的交换功率；$P_G$ 为系统与电网的交换功率。

### 3. 求解流程

优化求解阶段，决策变量主要包括两个部分：系统设备的容量配置和运行调度。此外，由于本书中 ESI 目标函数涉及多变量相乘及相除，其非线性情况较为复杂，对该函数进行线性化存在较大难度，故利用二代非支配排序遗传算法（non-dominated sorting genetic algorithm-Ⅱ，NSGA-Ⅱ）进行优化求解。数据中心综合能源系统规划求解流程如图 12-3 所示。根据每代种群生成的设备容量配置及运行调度结果，采取以冷定热、以热定电的运行策略，首先判断吸收式制冷机能否满足数据中心园区所有冷负荷，其次通过以冷定热、以热定电的运行策略制定逻辑，确定系统各能量转换设备的出力，最后基于不同方案设置的目标函数，输出对应的目标函数值返回 NSGA-Ⅱ 中进行个体适应度比较并更新最优解，当进行完指定迭代次数后，输出最优解。

本书综合考虑模型情况，设置种群数量为 150，遗传代数为 200。通过 NSGA-Ⅱ 计算求解完成后，输出一系列帕累托最优解，构成帕累托前沿曲线，最后利用逼近理想解排序法（technique for order preference by similarity to an ideal solution，TOPSIS）从解集中选出一个多目标最优解。TOPSIS 是一种逼近于理想解的排序法，其根据评判对象与理想化目标的接近程度进行排序，对现有对象进行相对优劣的评价，若评判对象最靠近正理想解，则为最优值，否则为最差值。

其判断公式如下：

$$S_i^+ = \sqrt{\sum_{j=1}^{2}\left(v_{i,j}^{s\,\tan} - V_j^+\right)^2} \qquad (12\text{-}28)$$

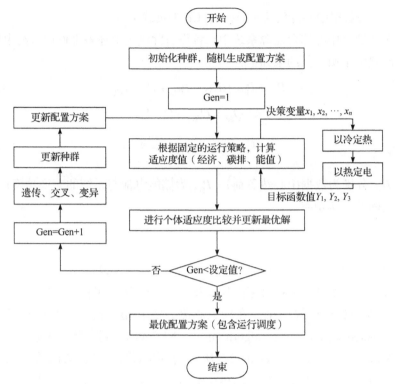

图 12-3　数据中心综合能源系统规划求解流程

Gen 表示遗传代数

$$S_i^- = \sqrt{\sum_{j=1}^{2} \left( v_{i,j}^{s\,\tan} - V_j^- \right)^2} \qquad (12\text{-}29)$$

$$\mathrm{Ra}_i = \frac{S_i^-}{S_i^+ + S_i^-} \qquad (12\text{-}30)$$

式中，$i$ 为非劣解的编号；$j$ 为目标的编号；$v_{i,j}^{s\,\tan}$ 为非劣解的无量纲量；$V_j^+$ 为理想解的位置；$V_j^-$ 为负理想解的位置；$S_i^+$、$S_i^-$ 分别为非劣解和理想解、负理想解之间的欧几里得距离；$\mathrm{Ra}_i$ 为非劣解和理想解的相对接近度，$\mathrm{Ra}_i$ 值最大的非劣解，即双目标优化问题的综合最优解。

## 12.4　优化结果分析

基于以上约束条件与数据，分别计算年总费用、年碳排量及 ESI 三个单目标最优结果，及年总费用和年碳排量双目标最优结果，并进行对比。

1. 多目标优化及方案配置

图 12-4 为以年总费用和年碳排量为目标求解出的帕累托曲线，图中三角点（方案 1）代表年总费用最小时的求解结果，此时年总费用为 15 173 万元。菱形点（方案 2）代表年碳排量最小时的求解结果，此时年碳排量为 21 056 t。圆形点（方案 3）为利用 TOPSIS 选择出的双目标最优结果，年总费用为 16 523 万元，较方案 2 下降 9.7%，年碳排量为 30 002 t，较方案 1 下降 27.8%。五角星点（方案 4）则代表以 ESI 最优求得的结果，可见该方案点处于帕累托曲线的上方，并非碳排、经济帕累托理想解，介于方案 1 及方案 3 之间。

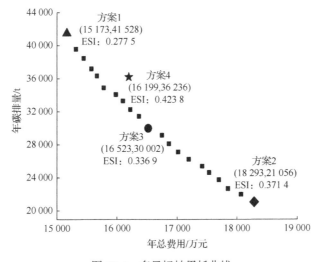

图 12-4 多目标帕累托曲线

四种方案设备容量（发电量）配置情况如图 12-5 所示。可以看出，四种方案都配置有较大的储能电池设备，一方面起到备用电源的作用，保证在遇到突发状况时，数据中心仍能正常运转一段时间，有效保障供能系统的可靠性，另一方面则有利于平抑可再生能源波动性。其他设备方面，由于氢气为低碳排燃料，故碳排最优的方案 2，配置了更多的氢燃料电池。同时，意味着方案 2 中来自氢燃料电池发电的余热会更多，故相对于方案 1，方案 2 中燃气锅炉的配置有所减少。此外，方案 2 还配备了较高容量的吸收式制冷机，利用余热进行供冷以减少离心式制冷机出力。此外，方案 2 和方案 4 的光伏容量都较高，分别为 3938 kW 和 4000 kW。

2. 各方案能值结构分析

四种方案输入能值对比情况如图 12-6 所示，可以看出，尽管数据中心的冷热

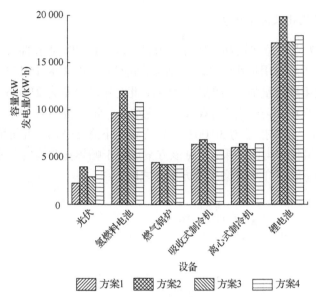

图 12-5　各方案设备容量（发电量）配置

锂电池衡量的是发电量，其余设备衡量的是容量

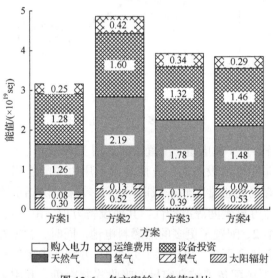

图 12-6　各方案输入能值对比

购入电力能值的占比较小，故柱形图中几乎未显示

电负荷需求不变，但各方案的投入能值之和不同。具体来看，方案 2 的氢气、设备投资及运维费用等能值均较高，导致其总投入能值较大，达 4.86×10¹⁹ sej，相对于方案 1 增加 53.26%。其中，方案 2 的氢气能值为 2.19×10¹⁹ sej，在该方案中占比最大，达 45.06%，这是因为该方案的低碳能源氢气使用量较大，且目前氢气

的能值转换率较高。此外，方案 2 和方案 4 都使用了较多的可再生能源，其投入能值分别为 $0.65×10^{19}$ sej、$0.62×10^{19}$ sej，且相对于方案 3，方案 4 的可再生能源能值投入增加 27.17%，结合 ESI 指标公式，可以看出，能值理论鼓励系统使用可再生能源，而对于高能值转换率的不可再生能源，即氢气，能值理论综合考虑系统可持续性，并不倾向于使用该低碳能源。

根据系统的能值平衡及能值计算公式，计算出各方案下系统输出冷、热、电能的能值转换率，具体如图 12-7 所示。可以看出，方案 2 的各项能值产品的能值转换率均较高，如其热能产品的能值转换率就高达 $13.89×10^{10}$ sej/MJ，为对应方案 1 热能产品的 1.55 倍，即表明在对应的系统配置及运行调度方案下，提供同样数量的冷、热、电能时，方案 2 所需投入的各种环境、社会资源较多，代价较大。结合前述分析，主要是由于该方案下使用的高能值转换率产品氢气的数量较多且经济投入能值较多。

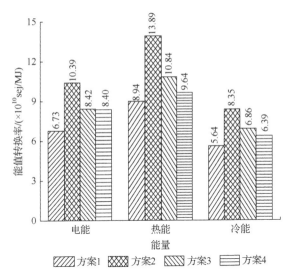

图 12-7　各方案下系统输出冷、热、电能的能值转换率

### 3. 各方案能值指标分析

各方案能值指标值如图 12-8 所示，可以看出，方案 1、方案 2、方案 3 的 ELR 均明显高于 ESI 最优的方案 4，即这三种方案不可再生能源能值、经济投入能值之和与本地可再生能源能值之比较大。具体来看，方案 1 和方案 3 可再生能源能值投入较少导致 ELR 较高，方案 2 虽可再生能源投入较多，但同时其经济投入及不可再生能源氢气投入也较多，故其 ELR 也较高。方案 4 得益于相对较多的可再生能源投入，以及较少的经济投入和不可再生能源投入，其 ELR 仅为 5.19，为四种方案中最低，表明目前其生产活动对周围环境产生的压力相对更小。EYR 方面，

整体来看，四种方案的差别不大，方案 1 的 EYR 仅比方案 2 下降 0.34，表明四种方案下系统一定经济能值投入所生产出来的产品能值基本相同。

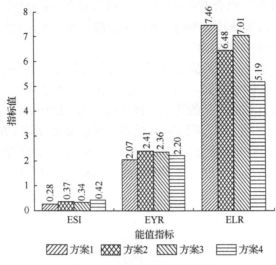

图 12-8　各方案能值指标值

ESI 考虑了系统在单位环境负荷（ELR）下总的效益（EYR），后者体现的是发展的正效应，前者体现的是给生态环境保护带来的负效应，二者的比值则表达出了可持续发展的基本内涵。由于方案 1 的 ELR 最高而 EYR 最低，故其 ESI 最低，主要是由于其可再生能源投入较少且整体的能值产出较少，因此该方案在系统能源效益、资源永续利用和生态环境协调方面较差。结合其他能值指标，方案 4 的 ELR 最低，EYR 水平与其他方案近似，因而具有最高的 ESI，达 0.42。综合来看，四种方案的 ESI 都未超过 1，表明在当前技术背景下，该系统的整体可持续性仍有待提升。

4. 能值流分析

根据能值相关计算规则，方案 4 下系统的各部分能值情况如表 12-2 所示。可以看出，氢气及投资运维的能值在系统的输入能值中占比较大，再次说明氢气的使用需要消耗较多的社会、环境资源，这也导致在系统供电中，主要的能值投入来自氢燃料电池，占 69.15%。在系统供热中，系统热能需求基本由氢燃料电池余热满足，其能值占比为 96.78%，冷能方面，吸收式制冷贡献的冷能能值占比为 78.57%，明显减少了传统系统中离心式制冷的投入。

表 12-2　方案 4 下系统的各部分能值情况

| 代号 | 名称 | 数量 | 单位 | 能值/sej |
|---|---|---|---|---|
| R1 | 太阳辐射 | $9.0319 \times 10^7$ | MJ | $5.3198 \times 10^{18}$ |
| R2 | 氧气 | $1.7857 \times 10^7$ | kg | $9.2147 \times 10^{17}$ |
| N1 | 氢气 | $2.0061 \times 10^6$ | MJ | $1.4802 \times 10^{19}$ |
| N2 | 天然气 | $4.4317 \times 10^7$ | MJ | $3.4256 \times 10^{15}$ |
| F1A&F2A | 光伏投资运维 | $4.0953 \times 10^2$ | 万元 | $1.7712 \times 10^{18}$ |
| F1B&F2B | 燃气锅炉投资运维 | $3.6046 \times 10^1$ | 万元 | $1.5590 \times 10^{17}$ |
| F1C&F2C | 氢燃料电池投资运维 | $2.3184 \times 10^3$ | 万元 | $1.0027 \times 10^{19}$ |
| F1D&F2D | 储能电池投资运维 | $4.3628 \times 10^2$ | 万元 | $1.8869 \times 10^{18}$ |
| F1E&F2E | 吸收式制冷投资运维 | $9.7424 \times 10^1$ | 万元 | $4.2136 \times 10^{17}$ |
| F1F&F2F | 离心式制冷投资运维 | $8.2761 \times 10^1$ | 万元 | $3.5794 \times 10^{17}$ |
| F2 | 运维成本 | $6.7424 \times 10^2$ | 万元 | $2.9161 \times 10^{18}$ |
| F3 | 购入电力 | $1.6614 \times 10^8$ | MJ | $2.9374 \times 10^{16}$ |
| 总能值 | | | | $3.8614 \times 10^{19}$ |

**5. 其他评价指标**

对于现有数据中心，目前大多使用 PUE 进行评价，其计算公式为数据中心总功率与/IT 设备功率，理想最优的情况下该指标等于 1，意味着数据中心 100%的能耗都用于 IT 设备。此外，数据中心还有如 CUE 及 REF 等指标。其中 CUE 表示为总用电量产生的二氧化碳总量与 IT 设备用电量的比值，单位是 kg/(kW·h)，数值越小，代表数据中心碳排放强度越低。REF 表示为数据中心拥有和使用的可再生能源与数据中心总电耗的比值，其最大值为 1，表示数据中心消耗的电能 100%来自可再生能源。

四种方案的 ESI、PUE、CUE、REF 指标值如图 12-9 所示，可以看出，四种方案的 PUE 值都在 1.1 以下，这是由于数据中心综合能源系统基于能量梯级利用技术，将燃料电池发电的余热供给吸收式制冷机进行制冷，实现数据中心自制冷，相对传统数据中心大幅降低了制冷系统的耗电量，因此带来了 1.1 以下的 PUE 值。四种方案的 PUE 值的差别不超过 1%，因此难以从 PUE 指标方面对系统性能做出差异性评价。

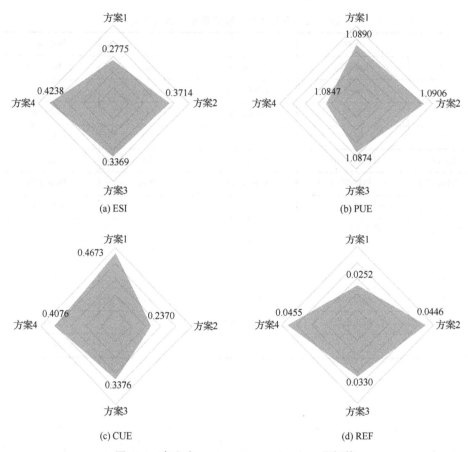

图 12-9　各方案 ESI、PUE、CUE、REF 指标值

CUE 方面，使用光伏及低碳燃料氢气最多的方案 2 的 CUE 指标值最低，为 0.2370，方案 4 的 CUE 值仅次于最高的方案 1，为 0.4076，说明目前具有可持续性的方案，在碳利用效率即碳排放方面的表现并不好。方案 4 的 REF 指标值最高，达 0.0455，优于方案 2，说明该方案在可再生能源利用方面具有优势。

综上分析，针对数据中心综合能源系统，现有 PUE 评价指标在一定程度上存在缺陷，该指标仅能反映出数据中心将电能用于 IT 设备的效率，并不能全面反映数据中心综合能源系统对环境、社会造成的影响。此外，PUE 指标在碳排放刻画、可再生能源利用、数据中心时空协同以及产消型数据中心评价等方面还存在不适用性。现有数据中心其他评价指标也存在评价范围不全面的缺陷，因此应构建更为全面的评价指标体系，以推进低碳、经济、高效且可持续的数据中心建设与运维。

# 第13章　算力-电力-热力协同关键技术与建议

## 导　　读

（1）算力网、电力网与热力网协同布局，是践行国家对数据中心高质量发展要求的新思路。

（2）数据中心算力综合能源能量转换机制、多维评价体系、系统优化配置、安全预测调度等关键技术指出了发展方向。

（3）针对数据中心综合能源系统高质量发展，提出了培育"生态型""互动型""产消型"数据中心算力综合能源的政策建议。

## 13.1　关　键　技　术

算力网、电力网与热力网协同布局，是践行国家对数据中心高质量发展要求的新思路。数据中心算力综合能源将有效提升数据中心的用能水平，促进数据中心上、中、下游能源利用与消费模式改革，并能为区域能源经济发展的规划及运行提供借鉴，为数字经济的可持续发展提供重要保障，具有显著的社会、经济和环境效益。数据中心算力综合能源的核心理念是实现"时空全局优化"，其涉及范围广、主体多、不确定性强，带来了系统架构及等值建模、多维评价指标筛选与设置、系统多主体博弈、不确定性求解、在线运行调度、数据安全治理等方面的难题，相关技术值得研究探讨。

### 13.1.1　数据中心算力综合能源能量转换机制

数据中心算力综合能源能量转换机制包括但不限于：①结合上游异质可再生能源、天然气联供及氢能燃料发电技术，探寻适配大模型下不同资源禀赋条件的数据中心算力综合能源及其系统架构、容量规划和运行模式，实现以数据中心及周边用户为服务对象的算力网、电力网和热力网的有机耦合。②探索数据中心负荷转移及需求响应机制，挖掘数据中心适配区域新型电力系统的需求响应特性及其灵活参与模式，包括 UPS 储能、柴油发电机、多元储能等柔性资源，各类可转移业务及其算力、传输、存储等响应特性，进一步探悉三网（算力网、电力网与热力网）融合、多能互补源荷互动数据中心算力综合能源能量转换机制及能质匹配特性。③开展数据中心 IT 设备余热特性分析以及中低温热能回收利用方式研究，含高效液冷换热特性研究，分析数据中心不同设备的散热温度、湿度、流量等特性，获得其焓、烟特征表现，开发匹配数据中心及周边用户的中低品位热能驱动发电、制热、制冷等正逆循环高效利用方式。

### 13.1.2　数据中心算力综合能源多维评价体系

数据中心算力综合能源多维评价体系包括但不限于：①针对供电、制冷、服务器、网络、存储等产业链各环节，进行碳足迹梳理核算，构建算力中心、算力应用"碳中和等级"能力指标体系，开展不同区域大模型下的算力碳效模型研究，以进行算力设施、算力应用碳效核查与评估。②构建匹配数据中心用能特性的源荷互动综合能源系统多主体、多尺度、多目标评价体系，提出数据中心算力综合能源在电力利用效率、能源系统韧性及清洁能源消费评价等方面的关键指标，研究源荷互动数据中心算力综合能源的综合优化及评价体系。③以"东数西算"工程数据中心集群及领域用户的能耗特性为例，研究以数据中心能源系统为载体的区域能源系统的能值产出率、环境负载率、能值可持续性指数，挖掘碳中和视角下数据中心支撑区域经济中算力、电力和热力耦合的可持续价值及其评价方法。

### 13.1.3　数据中心算力综合能源系统优化配置

数据中心算力综合能源系统优化配置包括但不限于：①提出统一能路及能量矩阵建模的源荷互动数据中心算力综合能源建模方法，开展数据中心算力综合能源的算力网、电力网及热力网关键设备等值建模，进行数据中心能源系统的"工质-设备-出力-拓扑"多变量同步多目标优化，揭示数据中心系统拓扑及关键设备的容量配置与电力流-信息流-热力流最优调度。②刻画算力网的计算任务、电力网的能源禀赋以及热力网的余热利用等因素的耦合机理与随机性特征，建立算力、电力与热力耦合下的数据中心日前不确定性调度模型，明晰多因素不确定性下（可再生电力、柔性计算负荷、用户负荷）数据中心能源系统的协同调度潜力，开发不同运行场景及工作模式下的数据中心算力网、电力网及热力网互动主动调控方法。③探索多主体博弈及强不确定性下数据中心算力综合能源的协同调度机制及商业模式，研究以市场为导向的绿色低碳算力应用体系，推动业务模式、计费模式和管理模式创新发展。

### 13.1.4　数据中心算力综合能源安全预测调度

数据中心算力综合能源安全预测调度包括但不限于：①研究数据中心的能耗模型构建方法，开发多时间尺度任务到达率与能耗行为预测方法，分析不同业务场景下的数据中心能耗演化规律，对数据中心在复杂多维度状态空间下产生的实际能耗进行准确预测。②在任务到达率与能耗预测的基础上，解耦算力、网络、存储的数据连接及能耗特性，充分考虑数据中心用能的时空灵活性、各级电力市场的运行状态规律、数据中心的服务等级协议和数据隐私性，构建以消纳新能源电力、缩减数据中心用能成本与降低碳排放量为目标的多目标时空协同优化调度策略。③针对调度过程中风光等可再生能源和数据中心任务到达率的不确定性，建立多阶段调度框架，通过整体调度方案与在线优化调控方法协同减小预测误差对整体调度方案的负面影响，进一步提高算力集群的综合效益。④研究升级灵活性资源设备的状态监测、通道状态监测、行为记录、效果评价、信息交互、联动管控，开发多主体、多地点、多要素的综合能源的协同模式和安全调度技术。

## 13.2　发 展 建 议

数据中心算力综合能源关系算力产业的高质量发展，融合算力网、电力网、热力网的三网协同的算力综合能源，是数据中心生产力和生产关系的重构，将对新型能源系统的建设起到关键支撑作用。在鼓励企业探索建设分布式光伏发电、燃气分布式供能等配套系统，应用高密度集成等高效 IT 设备、液冷等高效制冷系统、高压直流等高效供配电系统、能效环境集成检测等高效辅助系统技术产品，以及探索利用海洋、山洞等地理条件建设自然冷源数据中心，提升算力设施电能利用效率、水资源利用效率、碳利用效率等的基础上，在确保大量存量项目获得政府支持、企业顺利对接且业务量充足的前提下，同步优化数据中心算力综合能源的人才培养、标准建设、金融投入以及机制疏导，促进系统化实现数据中心三网协同节能增效的建议如下。

### 13.2.1　创新培育"生态型"数据中心算力综合能源

加强数据中心与所在区域能源、产业规划的融合，在算力、电力以及热力的区域顶层规划阶段，将数据中心及其周边生产、生活的电、热能源系统规划纳入所在区域的能源综合规划。加快推动数据中心"源网荷储"一体化建设，全面整合优化集群内电源侧、电网侧、负荷侧等资源要素，探索"生态型"数据中心算力综合能源模式。开展绿色低碳技术、算力碳效模型等研究，开展绿色低碳算力数据中心园区的规划与评价。通过数据中心绿电交易和直购的机制，协同"东数西算"与新型能源系统的建设，创新发展能源与数据中心的打捆配套模式。统筹能源、电力、热力、通信等各部门推进对三网协同"生态型"数据中心算力综合能源的申报审批流程，实现数据中心及其周边园区能源供应与消费的统筹规划和共建共赢。加快探索构建市场导向的绿色低碳算力应用体系，推动业务模式、计费模式和管理模式创新。深化新型数据中心绿色设计、施工、采购与运营管理，全面提高资源利用效率。

### 13.2.2　加快塑造"互动型"数据中心算力综合能源

支持采用合同能源管理等方式，对高耗低效的数据中心加快整合与改造。鼓励分布式风、光能源与数据中心的融合，支持与风电、光伏等可再生能源融合开发、就近消纳，逐步提升算力设施绿电使用率。出台数据中心绿色能源的消纳交易机制及综合评价体系。倡导数据中心运营商、业主等充分挖掘数据中心内部算力时空转移以及灵活性资源的调度潜力，出台数据中心灵活性算力、电力资源参与电网的需求侧响应机制及辅助服务政策，建设"互动型"数据中心示范工程，创新数据中心绿电消纳、成本优化与电网响应的协同共赢模式。支持探索利用锂电池、储氢和飞轮储能等作为数据中心多元化储能和备用电源装置，加强动力电池梯次利用产品推广应用。鼓励探索在集群层面使用市电直供方式部分替代传统UPS 供电，充分利用服务器等 IT 设备二次电源冗余配置的特点，利用旁路减少逆变环节。

### 13.2.3　积极构建"产消型"数据中心算力综合能源

算力网与热力网的耦合即利用低温余热回收技术实现数据中心余热的再利用，替代数据中心部分冷却和空调设备的同时，实现与热力网的协同共赢，并提高数据中心灵活性。建议因地制宜，坚持以市场收益为导向，鼓励压缩式热泵、高效换热、吸收式制冷、相变蓄能与水蓄能等低温热能高效利用技术在数据中心余热回收上的应用，探索 LNG 冷能、空气液化冷能、江河湖海等自然冷源与数据中心制冷的耦合模式，探索电厂余热、工业余热、IT 余热等热驱动的吸收、吸附等制冷技术在数据中心上的应用。研究余热利用的技术图谱，开展算力网与热力网全场景的技术边界分析。出台数据中心余热回收利用重点研发专项规划及节能服务政策。鼓励数据中心余热回收的综合能源服务模式，实现数据中心电力消费者与热力生产者的有机结合，建议组织"产消型"数据中心工程示范。搭建数据中心集群总体智能化群控管理平台，充分利用人工智能、大数据技术等新兴技术，精准控制机房内空调设备的运行时间，实现空调系统的轮循功能、层叠功能、避免竞争运行功能、延时自启动功能，实现数据中心的精准节能。

# 第14章 结 语

作为数字经济的重要底座，数据中心承担着数字元素的存储与计算任务。我们也注意到，近年来高能耗、高碳排已成为影响数据中心乃至数字经济可持续发展的重要因素。与此同时，风光新能源发电、综合能源、余热回收及源网荷储等技术得以快速发展。因此，数据中心打破能耗、经济与排放的困扰，并有效参与到新型能源系统的建设中，是数据中心未来发展的新挑战和新机遇。"算力-能源"已成为数据中心高质量发展的特征。加快建设能源算力应用中心，支撑能源智能生产调度体系，实现源网荷互动、多能协同互补及用能需求智能调控，提供"能源流、业务流、数据流"一体化算力将成为未来数据中心的重要应用。

随着数字经济的飞速发展，预计到 2035 年，中国数据中心和 5G 总用电量将超过 8000 亿 kW·h，预计占中国全社会用电量的 4%~6%，超越四大高耗能行业的用电水平，数字基础设施将成为影响电力系统能量供需平衡的重要负荷。2035年中国数据中心和 5G 的碳排放总量预计达到 3 亿 t，约占中国碳排放量的 3%，数字基础设施的碳排放将成为中国实现碳达峰以及进一步碳中和的重要挑战。

中国大多数清洁能源分布在西北、西南地区，而数据中心同其他工业负荷一样主要分布在东部发达地区，存在空间分布不均衡的问题，这决定了中国"西电东送"的基本格局。"东数西算"工程通过引导算力需求向西部清洁能源基地迁移，推动绿色低碳电源中心与算力资源供给中心的协同建设，形成"电算一体"的新型供能体系，从而实现"西电东送"与"东数西算"重大战略的落实与协同。一方面，算力规模化发展将对新型电力系统供需平衡产生一定影响，未来能否调节好数据中心的用电量，并与具有随机性、波动性的新能源良好互动，关乎着电力系统是否安全稳定。另一方面，电力支撑算力设施绿色稳定电力供应。电算协同通过对可再生能源调度等手段，确保数据中心等算力设施能够获得稳定和绿色的电力供应，保障算力基础设施的安全稳定。因此电算协同是国家战略所需，是落实国家能源安全、数字中国战略布局和实现"双碳"目标的重要举措。

本书面向数据中心的绿色低碳的发展目标，深度分析了当前中国数据中心的发展趋势和面临的挑战，在综合能源系统化理念的基础上，提出数据中心算力综合能源的理念和方法，其内涵旨在实现数据中心算力网与电力网、热力网之间的协同规划和调度，以充分挖掘数据中心上游能源供应、中游计算任务和下游余热回收的互动潜能，最终助力数据中心与邻域的能源互联互动，提高能源利用效率和可再生能源消纳能力，降低运行成本和环境影响。同时，本书分别从"算力-电力互动""算力-热力耦合"两个角度，就算力综合能源互动的基本原理模式、研究现状及未来挑战进行了分析。

本书提出的算力-电力-热力协同的理念和数据中心综合能源技术是基于对现今和未来数据算力与能源的观察和思考，也参考了国内外许多同行专家的著述，启发无限！在此表示感谢！

诚然，算力-电力-热力的协同，不同于具象的单一技术，其面临涉及内容广、系统技术难、波及主体多、商业模式缺乏等挑战，须凝聚各方知识、技术和信心，广泛交流，实现数据中心到算力中心再到算力综合能源的转变，实现技术、产业和生态的重塑。

第一，技术创新是驱动算电热碳高效协同发展的核心力量：在硬件层面，需要不断研发高效能、低功率的服务器、存储设备、网络设备，推进储能设备的创新，提升供配电效率，推进供配电模块化发展，提升数据中心整体能效水平。同时，通过应用液冷、蒸发冷等先进散热技术，提升散热效率，降低数据中心在运行过程中的碳排放。在软件层面，通过优化算法、提升数据处理算力等方式，进一步降低数据中心的能耗，并充分利用人工智能技术推动数据中心智能运维，实现能耗精细化管理。同时，根据功率密度提高等发展趋势，优化设计，推动模块化、预制化建设，提升快速交付的能力。

第二，跨界融合构建算电热碳高效协同的生态体系：数据中心产业是高度集成的生态系统，发展离不开多个领域的支撑和配合，推动绿色算力高效建设与发展，实际上是算电热碳跨界融合协同创新的结果。在协同过程中，要推动绿色电力数据中心应用，通过建设分布式光伏、风电等可再生能源的发电设施，发展源网荷储、绿电直供，不断优化电网结构，提升输电效率等方式，降低电力在传输过程中的损耗，以实现低成本、大规模稳定绿电供应。同时，推动数据中心废热的回收利用，通过建设余热回收系统、热储能设施，将数据中心产生的废热转化为有价值的热能资源，为周边地区提供供暖、热水等服务。此外，还要推动 PUE 等指标标准的制定，加强环境监管，确保数据中心在建设和运维过程中符合标准要求，共同推动数据中心产业的低碳转型。

第三，政策引导和市场机制是实现算电热碳高效协同的重要保障：政策方面，国家与各地方推出了一系列措施，如《数据中心绿色低碳发展专项行动计划》，通过提供算力券、税收优惠、财政补贴等方式鼓励企业投资建设绿色数据中心，同时通过制定能耗指标，推动数据中心产业向绿色低碳方向转型。市场机制方面，建立健全市场机制，推动算电热碳的高效协同。比如，通过建设完善的绿色电力交易平台、碳排放权交易市场等方式，为数据中心提供多样化的能源选择和减碳途径。

第四，可持续发展理念是实现算电热碳协同的核心理念：要将可持续发展理念贯穿于数据中心产业的全生命周期中，在规划设计、建设运营、废弃处理各个环节都要注重环保和节能。在规划设计阶段，充分考虑数据中心的地理位置、气候条件、能源供给等因素，确保数据中心建设符合绿色低碳的要求。在建设运营阶段，需要加强能耗管理和环境监测，确保维持较高的数据中心运行效率和绿色发展水平。在废弃处理阶段，需要采取科学的处理方式和合理的再利用措施，降低对环境的影响。

展望未来，随着数字化、智能化的发展以及"双碳"目标的引进，算电热碳高效协同将不断深入，作为数据中心产业界参与者，我们有幸见证了这一点，我们相信在各位的共同努力下，我们一定能开创算力产业发展的新篇章，为实现数字经济可持续高质量发展贡献力量。本书面向数据中心以及能源交叉行业相关研究学者和政府人士，期望能够为读者了解和应用相关技术提供帮助。

# 附录1 中国算力-能源协同典型事件（部分）

（1）阿里巴巴浙江云计算仁和液冷数据中心：该数据中心部署了其自主研发的全浸没液冷服务器集群，利用绝缘冷却液取代传统风冷，无需风扇、空调等制冷设备。由于服务器全浸没液冷技术的大规模利用，阿里巴巴浙江云计算仁和液冷数据中心整体能源使用效率只有1.09。

（2）润泽国际信息港A-7数据中心：创新运用了业内先进的液冷制冷技术，与传统风冷技术相比，液冷数据中心整体能效提升22%，具有高效协同算力、高质量数据传输、超大规模体量、新型绿色典范、先进智能示范、稳定安全可靠模范等技术创新特点。

（3）上海有孚临港新型算力中心：主要采用微模块、高温冷冻水、自然冷却+板换等技术实现节能；在供配电系统方面，采用一路市电+一路高压直流、最短路径减少线损等方式。

（4）海南海底数据中心：为全球首个商用海底数据中心，采用重力热管原理，将海水作为自然冷源，总体能效较传统机房能效提升60%。单舱PUE值（数据中心消耗的所有能源与IT负载消耗的能源的比值）仅为1.076，达到微软同等技术指标。专业环评机构出具的环评报告显示，该方案对水流下方3 m内仅产生小于0.2 ℃的温升，对海洋环境友好。在WUE（用来表征数据中心单位IT设备用电量下数据中心的耗水量）、土地资源占用、服务器失效率、交付周期和碳排放方面较陆地数据中心亦有着独特的优势。

（5）萧山中国电信杭州分公司数据中心：完成了全省首家数据中心的电力需求响应。

（6）腾讯上海青浦数据中心：打造采用"市电+冷热电三联供+光伏"的综合能源供能方案，具备用能时空可调特性的数据中心可作为综合能源系统灵活性资源。

（7）聊城"八站合一"光伏储能电站：通过与数据中心签订能源管理合同，实现了"源随荷动"到"源荷互动"的转变。此外，利用数据中心的计算能力深度挖掘综合能源数据的潜在价值。

（8）新一代荷储IDC佛山项目、太仓源网荷储基地：发展"数字基础设施+电力基础设施"融合创新模式，打造面向碳中和的"电力、算力、碳力"协同创新工程，发起"中关村超互联新基建产业创新联盟"。

（9）抖音-中联绿色大数据产业基地项目 1 号楼：配套建设的"源网荷储一体化"能够更好地优化整合本地的电源侧、电网侧资源，提升数据中心可再生能源开发消纳水平和非化石能源消费比重，提高电力系统运行效率，发挥负荷侧灵活调节能力。

（10）国家一体化算力网络京津冀枢纽张家口中明算力中心（项目开工）：此次签约项目，将为张家口进一步优化算力布局、加快大数据产业发展、打造京津冀"算力之都"提供强大助力，也将为加快推进智能算力与新能源创新融合发展做出有益探索。

（11）深海之光(青海)先进计算中心项目和海南州科恒绿色智算中心项目(项目动工)：两个项目的落地将为积极承接东部地区中高时延业务需求，形成基于清洁能源的通算、智算、超算协同发展的多元绿色算力供给体系，推动海南数据中心集约化、规模化、绿色化发展发挥重要的示范引领作用。

（12）乌兰察布中金数据低碳算力基地源网荷储一体化建设 30 万 kW 风光储发电（项目签约）：工程利用配套的源网荷储一体化项目中的风电、光伏和新型储能，为算力基地提供约占其目前总用电量 35% 的绿电，实现绿电 100% 自用。

（13）山东东营市算力中心：建成鲁北地区最大的安全高效、绿色低碳、快速敏捷的算力基础设施。

（14）德令哈塔湾克里智算中心（项目开工）：将配套一定比例的可再生能源项目，项目数据中心电力供应将全部使用可再生能源电力，助力海西州和德令哈市提升绿色算力产业竞争力，为青海省数字经济发展贡献力量。

（15）黎明智算中心（项目开工）：采用厂内蒸汽和热水等余热资源并配套溴化锂机组，二期供能还将引入 LNG 相变余冷。在实现资源循环利用的同时，将"厂内绿电""光伏+储能""溴化锂制冷技术""LNG 余冷技术"等绿色低碳技术应用落地，致力于将该项目打造成超低 PUE 值的"零碳智算中心"。

（16）中国移动（西宁）绿色算力中心基地（项目开工）：可支撑西宁市工业数字化转型、零碳产业园、工业互联网等数字经济项目发展，为西宁市因地制宜改造提升传统产业、发展战略性新兴产业，培育新质生产力，着力培育体现本地特色和优势的现代化产业体系奠定了坚实基础和发展后劲。

（17）上海临港智算中心（发布）：是中国联通第一个全液冷国产超万卡智算集群。

（18）郑高新全域算力网一期项目：形成"数据中心+新能源+储能"的"数算电一体"新型体系，打造样板，为后续郑州市全域算力网项目夯实技术基础，切实提升用户使用各类算力的易用性，形成普惠化、绿色化的算力网高质量发展格局。

（19）柔佛州仕年纳科技园（STeP）：项目在屋面安装太阳能光伏板，实现可再生能源发电。2024 年 5 月，PDG 为 JH1 获取了第一笔 12.76 亿令吉（约合 2.8 亿美元）的绿色贷款，是为该地区减少人工智能基础设施能耗和排放做出贡献的重要里程碑。

（20）中国移动海南国际数据中心（投产）：作为中国移动新一代绿色数据中心，创新性使用绿色光伏发电、余热回收、高温冷冻水、自然冷源供冷、氟泵变频空调、AI+空调智慧自控等九大节能新技术，设计 PUE 小于 1.3，满载情况下每年可节约用电约 3500 万 kW·h，减少碳排放约 9500 t，打造热带区域绿色数据中心节能标杆。

（21）天府智算西南算力中心：采用了能投天府云和浪潮信息创新开发的 42 kW 智算风冷算力仓，有效降低电能损耗 30%以上，相比传统风冷数据中心整体节能 25%以上，建设周期缩短 70%，减少建设用地 60%。

（22）稻盛云武威智算中心（正式运营）：致力打造人工智能+绿色能源示范应用场景，发展新质生产力，加快推进数能融合高质量发展。

（23）中国电信江北算力中心（推进中）：B3 机楼采用模块化机房建设方式，无须提前建设冷冻站等基础设施，减少了前期的大量投资，机房制冷模式可灵活适配，AHU 板式液冷、浸没式液冷等多种形式，满足各种需求情况下 PUE 降至 1.25 以下，并且在楼顶设置了光伏新能源，光伏年发电量约 0.9 MW。

（24）焦作低碳数智物流枢纽基地（项目开工）：全程实施绿色低碳模式，从建顶光伏到循环蓄水，再到新能源光、储、充一体化模式，通过数字智能园区平台体系最大限度地利用可再生资源进行体系运作、运营。

（25）1.8 GW 新能源+500 P 智算中心（项目签约）：利用乌鲁木齐丰富的风、光资源，从智算中心方面切入，加大融合力度，推动当地的生产经营，盘活当地资产。

（26）鲁北大数据中心：项目采用了"源网荷储一体化"的运营模式，提供了电源电网负荷储能整体的解决方案，同时配备了 300 MW 的光伏加风电新能源，绿电占比高于 50%。

（27）新疆喀什市绿色算力中心（项目开工）：构建高效、低碳、循环的算力服务体系，为喀什市数字经济提供绿色算力支撑。

（28）天津奥飞数据盘古云泰数据中心：采用新型节能设备、分布式光伏等节能措施，发挥碳中和的优势发展新兴能源，优化项目电力供能方式的配置，打造绿色示范数据中心。

（29）中国大脑绿色数据中心二期（项目开工）：采用全自然冷却技术和高效节能电力系统，优化冷却系统设计，搭配高效的 UPS 和电源管理系统，确保数据中心的 PUE 达到业界领先水平。

（30）中国能建庆阳大数据中心产业园（通过验收）：通过风光储与算力负荷

等多元素融合互动的一体化创新解决方案，将清洁能源资源优势转为产业发展优势，实现瓦特与比特的高效转化，成为数能融合发展的典型范式。

（31）粤港澳大湾区一体化数据中心：单栋智算中心可提供 38 个液冷方舱，每个液冷方舱可提供约 385 P 算力，相较于传统机房，可节约 60% 左右的制冷能耗。

（32）中国气象局气象超算中心（和林格尔）：充分利用和林格尔土地和能源优势，推动数字基础设施绿色低碳化发展。

（33）中国移动长三角（常州）智算中心一期工程：部署了 13 个 30 kW 的液冷算力服务器机柜。相比传统的风冷散热方式，液冷散热技术散热性能更高、能耗更低，预计每年可为智算中心节省电量约 600 万 kW·h，减少碳排放量约 4700 t。

（34）深圳龙华新型工业智算中心（正式运营）：GPU 算力服务器全部采用液冷先进节能降碳技术，整体液冷应用占比超过 50%。同时配套 99.999% 高可靠持续供电系统。

（35）中国移动贵阳数据中心三期项目——星河数据中心：增加了一个冷却塔形成水帘蒸发吸热，压缩机的核心部件可以悬浮在磁体上做无摩擦运动，减少系统损耗延长使用寿命。

（36）中国电信（国家）数字青海绿色大数据中心：作为全国首个零碳可溯源绿色大数据中心顺利上线运行，有效推动了青海省数字经济与清洁能源深度融合发展。

（37）十亿方级氢能利用大数据中心：以氢能驱动实现大数据中心零碳排放，助力房山及北京本地产业互联、消费互联和智算超算等数字经济的发展。

（38）江苏省东台市电力能源大数据中心：构建了能耗双控、清洁替代、绿色出行等七大板块及十个应用场景，实现全市煤、电、油、气等能源数据汇聚集成分析，为东台市碳排放监测、新能源产业规划和新能源汽车发展等提供有力支撑。

（39）怀来云交换数据中心：赋力当地生态建设，回收的大量余热资源联合其他试点为 20 万 m² 供热供暖，大大降低矿石燃料使用率；此外余热还可用于发展葡萄、蔬菜四季种植和水果烘干等产业，更好地服务周边居民，带动农民致富，助力乡村振兴未来，怀来云交换仍将继续推动怀来成为一座宜居宜业的智慧城市，为张家口这座"东数西算"规划中的东部枢纽节点增砖添瓦。

（40）腾讯天津高新云数据中心：在绿色节能方面借助间接蒸发冷却、氟泵自然冷、变频技术、气流优化、AI 调优、高压直流等腾讯多年积累的技术优势，较常规数据中心，一年可节省电量约上亿 kW·h。

（41）阿里云飞天智算平台：在技术减排、能源结构优化、区域布局优化、供应链减碳以及资源利用优化五个方面来降低单位算力的碳排放。在技术减排方面，通过液冷、电源技术以及智能运维等方式降低能耗，PUE 最低可达 1.09。

（42）芜湖市国家数据中心：配套建设风电、光伏、储能等项目，打造源网荷储一体化绿电示范项目，推动大用户电力直接交易和抽水蓄能项目合作。

（43）花山监控数据中心：该项目采用无窗设计，避免外部热量入侵；调节空调压缩机运行，形成负荷联动；划分冷、热通道，防止冷热气流混合等多举措下解决了能耗难题。经测算，花山数据中心设计能耗指标为 1.248，远低于工信部公布的全国大型数据中心平均值 1.55。

（44）京东集团华北（大同灵丘）智能算力数据中心：积极响应"双碳"号召，突出"云中一朵青云"之绿色理念，采用液冷等多种新技术降低能耗，年均 PUE 低于 1.2，打造京东在国内云计算、大数据和绿色智能算力中心主要基地之一。

（45）国网四川电力全电磁暂态超算中心：扎实服务新型能源体系建设的重要举措，对于准确分析四川特高压交直流混联电网多类型复杂问题，推动电网分析和调度运行向精益化、数字化和智能化转型，支撑四川电网长期安全稳定运行和清洁能源消纳具有重要意义。

（46）东莞 OPPO 智能云（大湾区）数据中心：创新性实施全链路减碳方案，实现 100% 绿电，整体零碳排；液冷单元 PUE 低至 1.15；采用先进 GPU 训练集群和互联架构，可支撑千亿超大模型预训练。

（47）淮北大数据中心：采用当前最先进的全时自然冷氟泵变频循环系统，同时结合淮北地区历史温度，优化控温算法，合理配置空调参数，提升空调冷量利用率，较传统机房空调整体节能 38% 左右。充分利用楼顶开展光伏太阳能发电，通过建设自用分布式光伏系统，年发电量约 3.512 万 kW·h，实现淮北大数据中心节能和能效双提升。

（48）广东五沙（宽原）数据中心：充分利用五沙电厂发电余热，通过溴化锂热转换制冷技术，有效提高能源利用效率，建成后将是华南地区最大的余热利用制冷站，也是华南地区最大的热电联供数据中心。

（49）雄安城市计算中心：国内首创景观式隐蔽式城市计算中心、国际首创园林化生态大厅、非机房区域超低能耗、机房区域 PUE ≤1.1 等。

（50）三峡东岳庙大数据中心：全部使用清洁能源供电，还采用模块化供电、高温冷冻水、i-cooling 智能动环系统、江水冷源冷却等多种节能技术，大大降低能耗，提升了能源效率。

（51）河北亿广云数据产业园：秦皇岛凉爽的气候条件可以有效降低数据中心能耗，从而降低 PUE。结合各地区实际运行经验，项目采用间接蒸发制冷方式，效果优于传统的离散式制冷方式。数据中心设有全热交换器进行热量回收，助力"碳达峰、碳中和"。

（52）全国一体化算力网络甘肃枢纽节点庆阳数据中心集群：配有大规模储能设施和先进能源控制系统，依托庆阳丰富的风光电资源，实现可再生能源直接供电、即发即用、全部消纳的 100% 零碳数据中心。

（53）中国电信安徽智算中心一期：分布式光伏发电项目正式并网运行，项目运行一个月取得阶段性成效，已发电 3.36 万 kW·h，节约电费 2.35 万元，节约标准煤约 10.75 t，减少二氧化碳排放量约 17.4 t。

（54）平安观澜 3 号数据中心：国内第一个 PUE 低于 1.25 的金融数据中心（PUE 是评价数据中心能源效率的指标，为数据中心消耗的所有能源与 IT 负载消耗能源的比值，金融数据中心 PUE 普遍为 1.6—2.0）。

（55）数据港张北 2A2 数据中心：通过在大型数据中心资源选址、新能源利用、绿色节能技术改进、柔直供电技术运用以及智能化运营管理等方面的不断创新，使数据中心 PUE（电能利用率）最低可达到 1.13 的行业领先水平。

# 附录 2 算力-能源协同相关标准（部分）

附表 2-1 算力-能源相关标准

| 标准名称 | 标准号 | 类别 |
|---|---|---|
| 《云计算数据中心基本要求》 | GB/T 34982—2017 | 国家标准 |
| 《数据中心 资源利用 第 1 部分：术语》 | GB/T 32910.1—2017 | 国家标准 |
| 《数据中心设计规范》 | GB 50174—2017 | 国家标准 |
| 《数据中心 资源利用 第 3 部分：电能能效要求和测量方法》 | GB/T 32910.3—2016 | 国家标准 |
| 《数据中心 资源利用 第 4 部分：可再生能源利用率》 | GB/T 32910.4—2021 | 国家标准 |
| 《数据中心能源管理体系实施指南》 | GB/T 37779—2019 | 国家标准 |
| 《数据中心能效限定值及能效等级》 | GB 40879—2021 | 国家标准 |
| 《能源互联网规划技术导则》 | GB/T 42320—2023 | 国家标准 |
| 《能源互联网与分布式电源互动规范》 | GB/T 41236—2022 | 国家标准 |
| 《综合能源 泛能网术语》 | GB/T 39120—2020 | 国家标准 |
| 《综合能耗计算通则》 | GB/T 2589—2020 | 国家标准 |
| 《分布式冷热电能源系统设计导则》 | GB/T 39779—2021 | 国家标准 |
| 《微电网接入电力系统技术规定》 | GB/T 33589—2017 | 国家标准 |
| 《分布式电源并网运行控制规范》 | GB/T 33592—2017 | 国家标准 |
| 《能源计量数据公共平台数据传输协议》 | GB/T 29873—2013 | 国家标准 |
| 《电力需求响应监测与评价导则》 | GB/T 32127—2024 | 国家标准 |
| 《电能服务管理平台管理规范》 | GB/T 31993—2015 | 国家标准 |
| 《电力需求响应系统通用技术规范》 | GB/T 32672—2016 | 国家标准 |
| 《电信互联网数据中心（IDC）的能耗测评方法》 | YD/T 2543—2013 | 行业标准 |
| 《互联网数据中心资源占用、能效及排放技术要求和评测方法》 | YD/T 2442—2013 | 行业标准 |
| 《工业园区综合能源系统规划技术导则》 | DL/T 2585—2022 | 行业标准 |
| 《区域能源互联网综合评价导则》 | DL/T 2625—2023 | 行业标准 |
| 《数据中心节能设计规范》 | DB31/T 1242—2020 | 地方标准，上海 |
| 《数据中心节能评价方法》 | DB31/T 1216—2020 | 地方标准，上海 |

续表

| 标准名称 | 标准号 | 类别 |
|---|---|---|
| 《数据中心节能运行管理规范》 | DB31/T 1217—2020 | 地方标准，上海 |
| 《绿色数据中心评价导则》 | DB31/T 1395—2023 | 地方标准，上海 |
| 《绿色数据中心评价规范》 | DB4403/T 367—2023 | 地方标准，深圳 |
| 《大数据中心算力评估规范》 | DB23/T 3512—2023 | 地方标准，黑龙江 |
| 《公共机构绿色数据中心评定规范》 | DB32/T 310008—2021 | 地方标准，江苏 |
| 《数据中心绿色分级评估规范》 | DB15/T 2241—2021 | 地方标准，内蒙古 |
| 《公共机构绿色数据中心评定规范》 | DB34/T 310008—2021 | 地方标准，安徽 |
| 《数据中心能源管理效果评价导则》 | DB37/T 2480—2014 | 地方标准，山东 |
| 《零碳数据中心分级与评价方法》 | T/CA 305—2023 | 团体标准 |
| 《绿色数据中心认证技术规范》 | CQC5321—2023 | 认证技术规范 |

# 附录 3  不同电网的 $CO_2$ 排放因子

电网 $CO_2$ 排放因子指从电网获取和消费单位电量（1kW·h）所导致的间接 $CO_2$ 排放（范围二）。电网排放因子是消费端核算碳排放量的关键指标，用于测算评估因电力消费而产生的间接排放。

附表 3-1　我国区域电网 $CO_2$ 排放因子[单位：$kgCO_2$/（kW·h）]

| 省（自治区、直辖市） | 2010 年 | 2012 年 | 2018 年 | 2020 年 |
|---|---|---|---|---|
| 辽宁 | 0.836 | 0.775 | 0.722 | 0.910 |
| 吉林 | 0.679 | 0.721 | 0.615 | 0.839 |
| 黑龙江 | 0.816 | 0.797 | 0.663 | 0.814 |
| 北京 | 0.829 | 0.776 | 0.617 | 0.615 |
| 天津 | 0.873 | 0.892 | 0.812 | 0.841 |
| 河北 | 0.915 | 0.898 | 0.903 | 1.092 |
| 山西 | 0.880 | 0.849 | 0.740 | 0.841 |
| 内蒙古 | 0.850 | 0.929 | 0.753 | 1.000 |
| 山东 | 0.924 | 0.888 | 0.861 | 0.742 |
| 上海 | 0.793 | 0.624 | 0.564 | 0.548 |
| 江苏 | 0.736 | 0.750 | 0.683 | 0.695 |
| 浙江 | 0.682 | 0.665 | 0.525 | 0.532 |
| 安徽 | 0.791 | 0.809 | 0.776 | 0.763 |
| 福建 | 0.544 | 0.551 | 0.391 | 0.489 |
| 江西 | 0.764 | 0.634 | 0.634 | 0.616 |
| 河南 | 0.844 | 0.806 | 0.791 | 0.738 |
| 湖北 | 0.372 | 0.353 | 0.357 | 0.316 |
| 湖南 | 0.552 | 0.517 | 0.499 | 0.487 |
| 重庆 | 0.629 | 0.574 | 0.441 | 0.432 |
| 四川 | 0.289 | 0.248 | 0.103 | 0.117 |
| 广东 | 0.638 | 0.591 | 0.451 | 0.445 |

续表

| 省（自治区、直辖市） | 2010 年 | 2012 年 | 2018 年 | 2020 年 |
|---|---|---|---|---|
| 广西 | 0.482 | 0.495 | 0.394 | 0.526 |
| 海南 | 0.646 | 0.686 | 0.515 | 0.459 |
| 贵州 | 0.656 | 0.495 | 0.428 | 0.420 |
| 云南 | 0.415 | 0.306 | 0.092 | 0.146 |
| 陕西 | 0.870 | 0.769 | 0.767 | 0.641 |
| 甘肃 | 0.612 | 0.573 | 0.491 | 0.460 |
| 青海 | 0.226 | 0.232 | 0.260 | 0.095 |
| 宁夏 | 0.818 | 0.779 | 0.620 | 0.872 |
| 新疆 | 0.764 | 0.790 | 0.622 | 0.749 |

资料来源：《中国区域电网二氧化碳排放因子研究（2023）》。2010 年数据来自国家发展改革委发布的《2010 年中国区域及省级电网平均二氧化碳排放因子》；2012 年数据来自国家发展改革委发布的《二氧化碳排放核算方法及数据核查表》；2018 年数据来自《生态环境部关于商请提供 2018 年度省级人民政府控制温室气体排放目标责任落实情况自评估报告的函》；2020 年数据为本书计算结果

# 附录 4   各种能源折标准煤参考系数

附表 4-1   各种能源折标准煤参考系数

| 能源名称 | 折标准煤系数 |
|---|---|
| 原煤 | 0.714 3 kgce/kg |
| 洗精煤 | 0.900 0 kgce/kg |
| 洗中煤 | 0.285 7 kgce/kg |
| 煤泥 | 0.285 7 kgce/kg—0.428 6 kgce/kg |
| 煤矸石（用作能源） | 0.285 7 kgce/kg |
| 焦炭（干全焦） | 0.971 4 kgce/kg |
| 煤焦油 | 1.142 9 kgce/kg |
| 原油 | 1.428 6 kgce/kg |
| 燃料油 | 1.428 6 kgce/kg |
| 汽油 | 1.471 4 kgce/kg |
| 煤油 | 1.471 4 kgce/kg |
| 柴油 | 1.457 1 kgce/kg |
| 天然气 | 1.100 0 kgce/m$^3$—1.330 0 kgce/m$^3$ |
| 液化天然气 | 1.757 2 kgce/kg |
| 液化石油气 | 1.714 3 kgce/kg |
| 炼厂干气 | 1.571 4 kgce/kg |
| 焦炉煤气 | 0.571 4 kgce/m$^3$—0.614 3 kgce/m$^3$ |
| 高炉煤气 | 0.128 6 kgce/m$^3$ |
| 发生炉煤气 | 0.178 6 kgce/m$^3$ |
| 重油催化裂解煤气 | 0.657 1 kgce/m$^3$ |
| 重油热裂解煤气 | 1.214 3 kgce/m$^3$ |
| 焦炭制气 | 0.557 1 kgce/m$^3$ |
| 压力气化煤气 | 0.514 3 kgce/m$^3$ |
| 水煤气 | 0.357 1 kgce/m$^3$ |

续表

| 能源名称 | 折标准煤系数 |
|---|---|
| 粗苯 | 1.428 6 kgce/kg |
| 甲醇（用作燃料） | 0.679 4 kgce/kg |
| 乙醇（用作燃料） | 0.914 4 kgce/kg |
| 氢气（用作燃料，密度为 0.082 kg/m³） | 0.332 9 kgce/m³ |
| 沼气 | 0.714 3 kgce/m³—0.828 6 kgce/m³ |
| 电力（当量值） | 0.122 9 kgce/（kW·h） |
| 电力（等价值） | 按上年电厂发电标准煤耗计算 |
| 热力（当量值） | 0.034 12 kgce/MJ |
| 热力（等价值） | 按供热煤耗计算 |

资料来源：《综合能耗计算通则》（GB/T 2589—2020）

# 附录 5  数据中心算力-能源协同相关政策

目前数据中心只能参与电能量交易,大部分通过售电公司代理参与电力市场。政策一般鼓励数据中心在中长期选择绿电交易。能量市场外,数据中心参与调峰调频等辅助服务交易仅见于研究和试点应用,未见政策指导。部分省份允许数据中心单独或者打包为虚拟电厂参与需求响应。

附表 5-1  算力-能源协同相关政策（国家发布）

| 时间 | 发布部门 | 政策文件名称 | 相关内容 | 发文字号 |
|---|---|---|---|---|
| 2024 年 7 月 25 日 | 国家发展改革委、国家能源局、国家数据局 | 《加快构建新型电力系统行动方案（2024—2027 年）》 | 提出实施一批算力与电力协同项目。统筹数据中心发展需求和新能源资源禀赋,科学整合源荷储资源,开展算力、电力基础设施协同规划布局。探索新能源就近供电、聚合交易、就地消纳的"绿电聚合供应"模式。整合调节资源,提升算力与电力协同运行水平,提高数据中心绿电占比,降低电网保障容量需求。探索光热发电与风电、光伏发电联营的绿电稳定供应模式。加强数据中心余热资源回收利用,满足周边地区用热需求 | 发改能源〔2024〕1128 号 |
| 2024 年 7 月 3 日 | 国家发展改革委、工业和信息化部、国家能源局、国家数据局 | 《数据中心绿色低碳发展专项行动计划》 | 到 2025 年底,全国数据中心布局更加合理,整体上架率不低于 60%,平均电能利用效率降至 1.5 以下,可再生能源利用率年均增长 10%,平均单位算力能效和碳效显著提高。到 2030 年底,全国数据中心平均电能利用效率、单位算力能效和碳效达到国际先进水平,可再生能源利用率进一步提升,北方采暖地区新建大型及以上数据中心余热利用率明显提升 | 发改环资〔2024〕970 号 |
| 2024 年 5 月 23 日 | 国务院 | 《2024—2025 年节能降碳行动方案》 | 动态更新重点用能产品设备能效先进水平、节能水平和准入水平,推动重点用能设备更新升级,加快数据中心节能降碳改造。加强废旧产品设备循环利用 | 国发〔2024〕12 号 |
| 2024 年 5 月 14 日 | 国家发展改革委、国家数据局、财政部、自然资源部 | 《关于深化智慧城市发展 推进城市全域数字化转型的指导意见》 | 统筹推进城市算力网建设,实现城市算力需求与国家枢纽节点算力资源高效供需匹配,有效降低算力使用成本。建设数据流通利用基础设施,促进政府部门之间、政企之间、产业链环节间数据可信可控流通。推动综合能源服务与智慧社区、智慧园区、智慧楼宇等用能场景深度耦合,利用数字技术提升综合能源服务绿色低碳效益 | 发改数据〔2024〕660 号 |

| 时间 | 发布部门 | 政策文件名称 | 相关内容 | 发文字号 |
|---|---|---|---|---|
| 2024 年 3 月 26 日 | 国家发展改革委、工业和信息化部、自然资源部、生态环境部、国家能源局、国家林草局 | 《国家发展改革委等部门关于支持内蒙古绿色低碳高质量发展若干政策措施的通知》 | 加快推进"东数西算"工程，建设国家算力网络枢纽节点和面向全国的算力保障基地。支持大数据产业园建设增量配电网，为算力产业提供长期稳定绿色能源保障。培育壮大人工智能、大数据、区块链、云计算等新兴数字产业，推动数字经济赋能绿色发展 | 发改环资〔2024〕379 号 |
| 2024 年 2 月 5 日 | 工业和信息化部、国家发展改革委、财政部、生态环境部、中国人民银行、国务院国资委、市场监管总局 | 《工业和信息化部等七部门关于加快推动制造业绿色化发展的指导意见》 | 在新一代信息技术领域，引导数据中心扩大绿色能源利用比例，推动低功耗芯片等技术产品应用，探索构建市场导向的绿色低碳算力应用体系 | 工信部联节〔2024〕26 号 |
| 2023 年 12 月 25 日 | 国家发展改革委、国家数据局、中央网信办、工业和信息化部、国家能源局 | 《关于深入实施"东数西算"工程加快构建全国一体化算力网的实施意见》 | 统筹推动算力与绿色电力的一体化融合。促进数据中心节能降耗。创新算力电力协同机制，支持国家枢纽节点地区利用"源网荷储"等新型电力系统模式。面向国家枢纽节点内部及国家枢纽节点之间开展算力电力协同试点。到 2025 年底，普惠易用、绿色安全的综合算力基础设施体系初步成型，算力电力双向协同机制初步形成，国家枢纽节点新建数据中心绿电占比超过 80% | 发改数据〔2023〕1779 号 |
| 2023 年 10 月 8 日 | 工业和信息化部、中央网络安全和信息化委员会办公室、教育部、国家卫生健康委、中国人民银行、国务院国资委 | 《算力基础设施高质量发展行动计划》 | 坚持绿色低碳发展，全面提升算力设施能源利用效率和算力碳效（CEPS）水平。统筹发展与安全，进一步强化网络、应用、产业链安全管理和能力建设，构建完善的安全保障体系 | 工信部联通信〔2023〕180 号 |
| 2023 年 9 月 15 日 | 国家发展改革委、工业和信息化部、财政部、住房城乡建设部、国务院国资委、国家能源局 | 《电力需求侧管理办法（2023 年版）》 | 鼓励建设各级各类能源电力数据中心，整合电网企业、电力用户、电力需求侧管理服务机构等的用电数据资源，逐步实现多源异构用电数据的融合和汇聚。安全有序推进用电数据开放共享，完善隐私保护。创新电力领域数据要素开发利用机制，支持开展基于用电大数据的新型增值服务，打造数据应用生态 | 发改运行规〔2023〕1283 号 |

| 时间 | 发布部门 | 政策文件名称 | 相关内容 | 发文字号 |
|---|---|---|---|---|
| 2023 年 5 月 18 日 | 《〈关于促进新时代新能源高质量发展的实施方案〉案例解读》编委会 | 《关于促进新时代新能源高质量发展的实施方案》案例解读第四、五章 | 多能物联数据中心充分利用现代信息技术，实现电力系统各个环节互联，对内形成"数据一个源、电网一张图、业务一条线"，对外广泛连接上下游资源和需求，具有状态全面感知、信息高效处理、应用便捷灵活的特征。以电力系统为核心的多种类型能源在物理网络上互联互通 | 无 |
| 2023 年 3 月 28 日 | 国家能源局 | 《国家能源局关于加快推进能源数字化智能化发展的若干意见》 | 推动能源数据分类分级管理与共享应用。推动能源行业数据分类分级保护制度建设，加强数据安全治理。对于安全敏感性高的数据，提高数据汇聚融合的风险识别与防护水平，强化数据脱敏、加密保护和安全合规评估；对于安全敏感性低的数据，健全确权、流通、交易和分配机制，有序推动数据在产业链上下游的共享，推进数据共享全过程的在线流转和在线跟踪，支持数据便捷共享应用。加强行业大数据中心数据安全监管，强化数据安全风险态势监测，规范数据使用。充分结合全国一体化大数据中心体系建设，推动算力资源规模化集约化布局、协同联动，提高算力使用效率 | 国能发科技〔2023〕27 号 |
| 2023 年 3 月 20 日 | 财政部、生态环境部、工业和信息化部 | 《绿色数据中心政府采购需求标准（试行）》 | 数字产业绿色低碳发展是落实党中央、国务院碳达峰、碳中和重大战略决策的重要内容。为加快数据中心绿色转型，财政部、生态环境部、工业和信息化部制定了《绿色数据中心政府采购需求标准（试行）》。数据中心使用的可再生能源使用比例应逐年增加。数据中心水资源全年消耗量与信息设备全年耗电量的比值不高于 2.5L/kW·h。数据中心应开展绿色供应链管理，并建立绿色供应链评价机制、程序，确定评价指标和评价方法 | 财库〔2023〕7 号 |
| 2023 年 3 月 8 日 | 国家发展改革委、市场监管总局 | 《国家发展改革委 市场监管总局关于进一步加强节能标准更新升级和应用实施的通知》 | 加快数据中心、通信基站等新型基础设施和冷链物流、新型家电等领域节能标准制定修订，补齐重点领域节能标准短板。统筹开展节能标准和碳排放相关标准研究制定，从全生命周期角度衔接节能标准和碳排放相关标准指标，探索将碳排放相关指标纳入节能标准 | 发改环资规〔2023〕269 号 |

续表

| 时间 | 发布部门 | 政策文件名称 | 相关内容 | 发文字号 |
|---|---|---|---|---|
| 2023 年 1 月 3 日 | 工业和信息化部、教育部、科学技术部、中国人民银行、中国银行保险监督管理委员会①、国家能源局 | 《工业和信息化部等六部门关于推动能源电子产业发展的指导意见》 | 面向"东数西算"等重大工程提升能源保障供给能力,建立分布式光伏集群配套储能系统,促进数据中心等可再生能源电力消费。探索开展源网荷储一体化、多能互补的智慧能源系统、智能微电网、虚拟电厂建设,开发快速实时微电网协调控制系统和多元用户友好智能供需互动技术,加快适用于智能微电网的光伏产品和储能系统等研发,满足用户个性化用电需求 | 工信部联电子〔2022〕181 号 |
| 2022 年 12 月 28 日 | 工业和信息化部 | 《数据中心节能诊断服务指南(2022 年版)》 | 细化数据中心节能诊断的主要依据,明确数据中心节能诊断的服务程序、方法和基本要求等内容,帮助企业发现用能问题,查找节能潜力,提升能效和节能管理水平 | 无 |
| 2022 年 11 月 10 日 | 国家机关事务管理局 | 《关于提高中央行政事业单位国有资产管理效能 坚持勤俭办一切事业的实施意见》 | 严格控制资产运行过程中的能源资源耗费,强化电、气、油、水等节约循环利用,避免不必要支出。紧盯重点用能用水设施设备,开展中央空调、数据中心(机房)等节能降碳改造,做好日常运行维护,及时排除故障,防止跑冒滴漏。积极运用市场化机制,采用能源费用托管等合同能源管理模式,开展用能状况诊断、改造和运维管理,实现能源资源节约、费用支出减少 | 国管资〔2022〕438 号 |
| 2022 年 11 月 8 日 | 工业和信息化部办公厅、住房和城乡建设部办公厅、交通运输部办公厅、农业农村部办公厅、国家能源局综合司 | 《工业和信息化部办公厅 住房和城乡建设部办公厅 交通运输部办公厅 农业农村部办公厅 国家能源局综合司关于开展第三批智能光伏试点示范活动的通知》 | 包括高效智能光伏组件(组件转换效率在 24%以上)、新型柔性太阳能电池及组件、钙钛矿及叠层太阳能电池、超薄高效硅片等方向,以及相关智能光伏产品在大型光伏基地、数据中心、海洋光伏等领域应用 | 工信厅联电子函〔2022〕295 号 |
| 2022 年 6 月 23 日 | 工业和信息化部、国家发展改革委、财政部、生态环境部、国务院国资委、市场监管总局 | 《工业和信息化部等六部门关于印发工业能效提升行动计划的通知》 | 数据中心等重点领域能效明显提升,绿色低碳能源利用比例显著提高,新建大型、超大型数据中心电能利用效率优于 1.3 | 工信部联节〔2022〕76 号 |

① 2023 年 3 月组建国家金融监督管理总局,不再保留中国银行保险监督管理委员会。

续表

| 时间 | 发布部门 | 政策文件名称 | 相关内容 | 发文字号 |
|---|---|---|---|---|
| 2022 年 2 月 7 日 | 国家发展改革委、中央网信办、工业和信息化部、国家能源局 | 《国家发展改革委等部门关于同意京津冀地区启动建设全国一体化算力网络国家枢纽节点的复函》 | 发展高密度、高能效、低碳数据中心集群，提升数据供给质量，优化东西部间互联网络和枢纽节点间直连网络，通过云网协同、云边协同等优化数据中心供给结构，扩展算力增长空间，实现大规模算力部署与土地、用能、水、电等资源的协调可持续 | 发改高技〔2022〕212 号 |
| 2022 年 2 月 7 日 | 国家发展改革委、中央网信办、工业和信息化部、国家能源局 | 《国家发展改革委等部门关于同意长三角地区启动建设全国一体化算力网络国家枢纽节点的复函》 | 支持发展大型、超大型数据中心，建设内容涵盖绿色低碳数据中心建设、网络服务质量提高、算力高效调度、安全保障能力提升等，落实项目规划、选址、资金等条件 | 发改高技〔2022〕211 号 |
| 2022 年 2 月 7 日 | 国家发展改革委、中央网信办、工业和信息化部、国家能源局 | 《国家发展改革委等部门关于同意粤港澳大湾区启动建设全国一体化算力网络国家枢纽节点的复函》 | 韶关数据中心集群应抓紧完成起步区建设目标：数据中心平均上架率不低于 65%。数据中心电能利用效率指标控制在 1.25 以内，可再生能源使用率显著提升。网络实现动态监测和数网协同，服务质量明显提升，电力等配套设施建设完善，能高质量满足"东数西算"业务需要 | 发改高技〔2022〕66 号 |
| 2022 年 1 月 29 日 | 国家发展改革委、国家能源局 | 《"十四五"现代能源体系规划》 | 推进数据中心、5G 通信基站等新型基础设施领域节能和能效提升，推动绿色数据中心建设。积极推进南方地区集中供冷、长江流域冷热联供。避免"一刀切"限电限产或运动式"减碳"。鼓励建设各级各类能源数据中心，制定数据资源确权、开放、流通、交易相关制度，完善数据产权保护制度，加强能源数据资源开放共享，发挥能源大数据在行业管理和社会治理中的服务支撑作用 | 发改能源〔2022〕210 号 |
| 2022 年 1 月 29 日 | 国家发展改革委、国家能源局 | 《"十四五"新型储能发展实施方案》 | 支撑分布式供能系统建设。围绕大数据中心、5G 基站、工业园区、公路服务区等终端用户，以及具备条件的农村用户，依托分布式新能源、微电网、增量配网等配置新型储能，探索电动汽车在分布式供能系统中应用，提高用能质量，降低用能成本 | 发改能源〔2022〕209 号 |
| 2021 年 12 月 30 日 | 国务院 | 《"十四五"国家应急体系规划》 | 建设绿色节能型高密度数据中心，推进应急管理云计算平台建设，完善多数据中心统一调度和重要业务应急保障功能 | 国发〔2021〕36 号 |

续表

| 时间 | 发布部门 | 政策文件名称 | 相关内容 | 发文字号 |
|---|---|---|---|---|
| 2021年11月30日 | 国家发展改革委、中央网信办、工业和信息化部、国家能源局 | 《贯彻落实碳达峰碳中和目标要求 推动数据中心和5G等新型基础设施绿色高质量发展实施方案》 | 加强数据、算力和能源之间的协同联动，加快技术创新和模式创新，坚定不移走绿色低碳发展之路 | 发改高技〔2021〕1742号 |
| 2021年10月18日 | 国家发展改革委、工业和信息化部、生态环境部、市场监管总局、国家能源局 | 《国家发展改革委等部门关于严格能效约束推动重点领域节能降碳的若干意见》 | 鼓励重点行业利用绿色数据中心等新型基础设施实现节能降耗。新建大型、超大型数据中心电能利用效率不超过1.3。到2025年，数据中心电能利用效率普遍不超过1.5。加快优化数据中心建设布局，新建大型、超大型数据中心原则上布局在国家枢纽节点数据中心集群范围内 | 发改产业〔2021〕1464号 |
| 2021年9月3日 | 工业和信息化部、中国人民银行、中国银行保险监督管理委员会、中国证券监督管理委员会 | 《工业和信息化部 人民银行 银保监会 证监会关于加强产融合作推动工业绿色发展的指导意见》 | 引导企业加大可再生能源使用，加强电力需求侧管理，推动电能、氢能、生物质能替代化石燃料。对企业开展全要素、全流程绿色化及智能化改造，建设绿色数据中心。支持建设能源、水资源管控中心，提升管理信息化水平 | 工信部联财〔2021〕159号 |
| 2021年7月4日 | 工业和信息化部 | 《新型数据中心发展三年行动计划（2021—2023年）》 | 大力推动绿色数据中心创建、运维和改造，引导新型数据中心走高效、清洁、集约、循环的绿色发展道路。鼓励应用高密度集成等高效IT设备、液冷等高效制冷系统、高压直流等高效供配电系统、能效环境集成检测等高效辅助系统技术产品，支持探索利用锂电池、储氢和飞轮储能等作为数据中心多元化储能和备用电源装置，加强动力电池梯次利用产品推广应用。鼓励企业探索建设分布式光伏发电、燃气分布式供能等配套系统，引导新型数据中心向新能源发电侧建设，就地消纳新能源，推动新型数据中心高效利用清洁能源和可再生能源、优化用能结构，助力信息通信行业实现碳达峰、碳中和目标。深化新型数据中心绿色设计、施工、采购与运营管理，全面提高资源利用效率。支持采用合同能源管理等方式，对高耗低效的数据中心加快整合与改造。新建大型及以上数据中心达到绿色数据中心要求，绿色低碳等级达到4A级以上 | 工信部通信〔2021〕76号 |

续表

| 时间 | 发布部门 | 政策文件名称 | 相关内容 | 发文字号 |
|---|---|---|---|---|
| 2021 年 6 月 1 日 | 国家机关事务管理局、国家发展改革委 | 《"十四五"公共机构节约能源资源工作规划》 | 实施数据中心节能改造,加强在设备布局、制冷架构等方面优化升级,探索余热回收利用,大幅提升数据中心能效水平,大型、超大型数据中心运行电能利用效率下降到 1.3 以下。持续开展既有建筑围护结构、照明、电梯等综合型用能系统和设施设备节能改造,提升能源利用效率,增强示范带动作用 | 国管节能〔2021〕195 号 |
| 2021 年 5 月 24 日 | 国家发展改革委、中央网信办、工业和信息化部、国家能源局 | 《全国一体化大数据中心协同创新体系算力枢纽实施方案》 | 推动数据中心绿色可持续发展,加快节能低碳技术的研发应用,提升能源利用效率,降低数据中心能耗。加大对基础设施资源的整合调度,推动老旧基础设施转型升级。建设全国一体化算力网络国家枢纽节点,引导数据中心集约化、规模化、绿色化发展 | 发改高技〔2021〕709 号 |
| 2021 年 4 月 12 日 | 工业和信息化部 | 《工业和信息化部关于开展 2021 年工业节能监察工作的通知》 | 对重点用能数据中心进行专项监察,核算电能利用效率（PUE）实测值,检查能源计量器具配备情况 | 工信部节函〔2021〕80 号 |
| 2021 年 2 月 25 日 | 国家发展改革委、国家能源局 | 《国家发展改革委 国家能源局关于推进电力源网荷储一体化和多能互补发展的指导意见》 | 将源网荷储一体化和多能互补作为电力工业高质量发展的重要举措,积极构建清洁低碳安全高效的新型电力系统。运用"互联网+"新模式,调动负荷侧调节响应能力 | 发改能源规〔2021〕280 号 |
| 2021 年 2 月 2 日 | 国务院 | 《国务院关于加快建立健全绿色低碳循环发展经济体系的指导意见》 | 鼓励建设电、热、冷、气等多种能源协同互济的综合能源项目 | 国发〔2021〕4 号 |
| 2020 年 12 月 23 日 | 国家发展改革委、中央网信办、工业和信息化部、国家能源局 | 《关于加快构建全国一体化大数据中心协同创新体系的指导意见》 | 探索建立电力网和数据网联动建设、协同运行机制,进一步降低数据中心用电成本。加快制定数据中心能源效率国家标准,推动完善绿色数据中心标准体系。引导清洁能源开发使用,加快推广应用先进节能技术。鼓励数据中心运营方加强内部能耗数据监测和管理,提高能源利用效率。鼓励各地区结合布局导向,探索优化能耗政策,在区域范围内探索跨省能耗和效益分担共享合作。推动绿色数据中心建设,加快数据中心节能和绿色化改造 | 发改高技〔2020〕1922 号 |

续表

| 时间 | 发布部门 | 政策文件名称 | 相关内容 | 发文字号 |
|---|---|---|---|---|
| 2019 年 1 月 21 日 | 工业和信息化部、国家机关事务管理局、国家能源局 | 《工业和信息化部 国家机关事务管理局 国家能源局关于加强绿色数据中心建设的指导意见》 | 建立健全绿色数据中心标准评价体系和能源资源监管体系，打造一批绿色数据中心先进典型，形成一批具有创新性的绿色技术产品、解决方案，培育一批专业第三方绿色服务机构。到 2022 年，数据中心平均能耗基本达到国际先进水平，新建大型、超大型数据中心的电能使用效率值达到 1.4 以下，高能耗老旧设备基本淘汰，水资源利用效率和清洁能源应用比例大幅提升，废旧电器电子产品得到有效回收利用 | 工信部联节〔2019〕24 号 |

# 附录6　专家话算力-电力-热力协同

以下为网络搜索相关算力-电力-热力协同领域，相关专家的一些观点，信息来源于网络，排名不分先后。

1. 桑达尔·皮查伊（谷歌CEO）——公开声明（2020/9/14）

谷歌的目标是，到2030年完全使用可再生能源，为其数据中心和办公室提供动力，从而成为全球承诺放弃煤炭和天然气电力的最大公司。

【谷歌CEO皮查伊：2030年谷歌将完全使用可再生能源——36氪（36kr.com）】

2. 陈升（清华大学互联网产业研究院副理事长、世纪互联创始人）——2021瓯江峰会·第二届国际工业与能源互联网创新发展大会（2021/7/10）

国家"双碳"战略要求"碳减排"，但不是"电减排"；应该鼓励多用电，少排碳。IDC的高载能特征与国家"双碳"战略没有任何矛盾。未来IDC将大规模消纳新能源，基于自身高载能负荷推动"源网荷储"四联动。未来IDC不仅仅不会受到所谓IDC能评指标的限制，而是应该成为国家"双碳"战略、打造用户参与共建全球新型电力系统的重要入口。

【陈升：IDC产业未来发展的六大趋势丨理事窗口——清华大学互联网产业研究院（iii.tsinghua.edu.cn）】

3. 谢克昌（中国工程院院士、中国工程院原副院长）——碳达峰碳中和科技论坛（2021/9/26）

充分考虑信息技术、互联网、大数据等的高速发展所带来的新机遇，坚定不移将信息技术与泛能源大数据深度融合，发展"四流一体"新型能源互联网，利用人工智能、机器学习、区块链等新的技术，积极探索泛能源大数据在智慧能源、智慧管理、智慧治理等方面的应用。

【谢克昌院士：当前"双碳"战略最需要的是系统思考科学推动——上海交通大学成立碳中和发展研究院（ricn.sjtu.edu.cn）】

4. 蒂姆·库克（苹果公司首席执行官）——微博评价（2021/10/28）

Apple在全球的公司运营已实现了碳中和，我们的目标是到2030年在供应链和整个产品生命周期中实现100%碳中和。在过去的一年里，承诺转向100%清洁能源的Apple供应商数量增加了一倍多。

【苹果CEO库克：过去一年承诺转向100%清洁能源的苹果供应商数量翻倍——界面新闻（jiemian.com）】

5. 莫德·特西耶（谷歌数据中心能源开发负责人）——公开声明（2022/4/14）

为了降低 PUE，谷歌在硬件和软件开发两方面都做出了努力。在硬件开发方面，谷歌为其服务器投资了新材料，特别是寻找散热更少的材料。与此同时，谷歌还使用了旗下人工智能部门 DeepMind 开发的机器学习程序，来预测运行热泵以冷却其数据中心的最有效时间。如果谷歌计划建立数据中心的地方的电网不够清洁，那么就必须有一条"途径来影响并加速"区域电网向清洁能源过渡。

【谷歌高管解读：如何在 2030 年之前 100% 使用无碳能源运作数据中心——新浪科技（sina.com.cn）】

6. 王永真（北京理工大学副教授、机械与车辆学院动力系统所副所长）——2022 年第二届中国 IDC 行业 Discovery 大会（2022/4/21）

我们在想数据中心既然是一个载体，载体周边实际上是要靠电力来输送的，有一个电力网络，那么我们的电力网络周边其实有很多热力网络，伴随着算力的网络，不是一台数据中心或者一台服务器，那么三层网络的架构，上中下三层，我们的电力网、算力网和热力网在符合转移的思路下能不能耦合在一起，形成一种三网协同的新型的能源系统？

【王永真：三网协同赋能数据中心能效治理——IDC 新闻（news.idcquan.com）】

7. 邬贺铨（中国工程院院士、中国互联网协会专家咨询委员会主任）——2022 中国算力大会（2022/7/30—2022/7/31）

国内提出"东数西算"，利用西部比较充裕的能源，比较廉价的电费，以及有可能利用再生能源，更好满足低碳的需要。所以发展算力产业，实际上产业链是相当长的，有很多工作要做，数据中心只是算力产业里突出的中心环节。

【圆桌 | 专家谈算力产业：要解决供需结构矛盾，避免低水平重复——澎湃新闻（thepaper.cn）】

8. 俞大鹏（中国科学院院士、无机非金属材料领域专家）——"量见未来"量子开发者大会（2022/8/25）

量子科技是挑战人类操控微观世界的跨行业系统工程，不是靠一家一户单枪匹马可以完成，需要交叉领域的协同创新。大家要把所有单项技术做到极致，做到世界一流，集成起来才能创造出能够执行有实用价值的量子计算机。研发量子计算机不能只靠物理学家，还需要计算机软硬件、电子电气等交叉学科的人才参与研发。

【俞大鹏：量子科技发展不能靠单枪匹马，而要交叉领域协同创新——澎湃新闻（thepaper.cn）】

9. 罗必雄（中国能建中电工程党委书记、董事长）——座谈交流（2022/10/17）

中电工程作为中国电力工程服务行业的"国家队"和"排头兵"，正在大力实施国家"东数西算"战略。世纪互联作为 IDC 行业头部企业，深耕数据中心领域多年，拥有雄厚的资源和资本实力，双方互补性强、合作空间广阔，希望双方围绕低碳、净零碳绿色数据中心，拓展依托数据中心的"源网荷储"一体化，加强在技术创新、人才交流、项目策划、资本等方面的合作，打造"数能融合"示范工程，共同实现绿色低碳发展、高质量发展以及融合发展的目标。

【数能融合!世纪互联携手中国能建中电工程合力共建净零碳数据中心新型能源系统——世纪互联（vnet.com）】

10. 高峰（清华大学能源互联网创新研究院副院长、数字化转型研究室主任）——云栖大会电力峰会（2022/11/3）

要加强算力与电力的有机协同，通过算力网和电力网的携手共进，实现新型电力系统的建设。要实现算力和电力的协同，首先要破除思想上的障碍，推动算力负荷从刚性向柔性转变。此外还需要通过算力-电力耦合建模、统筹规划，政策引导算力负荷参与电力市场等手段，从技术和机制两方面入手，共同推动算力和电力的广泛协同。

【高峰:算力助力新型电力系统建设——国家能源互联网产业及技术创新联盟（ceia.eea.tsinghua.edu.cn）】

11. 江亿（中国工程院院士、中国制冷学会理事长、清华大学建筑节能研究中心主任）——大湾区数据中心冷却技术与系统设计高峰论坛（2023/2/20）

面对计算产业的发展，提高数据中心冷却效率，充分回收利用数据中心余热，是数据中心节能低碳发展的两大任务。大温差、冷机串联是未来数据中心冷水系统的发展方向。机房余热利用则可能是解决零碳采暖需要、产生跨季节储热的突破点之一。

【"东数西算"下数据中心的"冷"思考：聚焦高效冷却与余热利用——21 经济网（21jingji.com）】

12. 董凯军（中国科学院广州能源研究所研究室主任）——大湾区数据中心冷却技术与系统设计高峰论坛（2023/2/20）

高温供冷能提高自然冷源制冷的效能，大温差、高温供冷是数据中心供冷温度的发展趋势。相比机械制冷蓄冷的峰谷电价差，高温供冷加自然冷源蓄冷调控能同时实现节能、调优、节费。

【"东数西算"下数据中心的"冷"思考：聚焦高效冷却与余热利用——21 经济网（21jingji.com）】

13. 陈刚（省委书记、省人大常委会主任）——青海省绿色算力产业专家咨询委员会第一次会议（2023/3/28）

清洁能源和绿色算力迎来黄金窗口期，加快发展以绿色算力为引领的新质生产力，符合习近平总书记对青海工作的重大要求，符合党中央国务院的决策部署，符合青海协调推进高水平保护和高质量发展的现实需求。

【青海省绿色算力产业专家咨询委员会第一次会议举行　陈刚颁发聘书并讲话——青海省人民政府网（qinghai.gov.cn）】

14. 张东晓（美国国家工程院院士、东方理工高等研究院常务副院长）——"东数西算"数算电产业融合发展大会暨郑庆哈城市算力网实验场建设庆阳推进会（2023/6/20）

智慧能源系统可以优化能源生产、调度与使用效率，降低电力能源成本、保证电力供应的稳定性，为大规模数据算力中心的绿色低碳运行提供支撑。智慧能源系统通过允许分布式能源资源实现电网分散化，提高弹性并减少数据中心对主电网的依赖。通过源网荷储一体化的智慧能源系统平衡负载和供应，确保数据中心稳定运行，提高算力网络的可靠性。

【院士专家"把脉"　共绘数字未来——掌中庆阳（baijiahao.baidu.com）】

15. MattGarman（亚马逊云科技全球销售、市场和服务高级副总裁）——AWS访谈（2023/7/4）

我们在云端拥有性能最佳的 GPU 集群，从长远来看，我认为，功率实际上是你必须真正考虑的事情之一，因为这些集群有可能达到数百 MW 到数千 MW 的功率。你知道的，到 2025 年，我们将使用可再生能源运行我们所有的全球数据中心，这将会起到很大的帮助作用，因为电力有导致环境问题的风险。

【AWS 销售负责人访谈：AWS 如何引领生成式 AI 发展——腾讯网（qq.com）】

16. 凌文（中国工程院院士，系统工程与能源工程管理专家，山东省科协主席）——第二届中国（深圳）行业发展高峰论坛暨上海交通大学行业研究院"五年五城"系列活动（2023/8/10）

能源要呼唤算力，电力决定一个国家的工业化水平，而算力决定一个国家的数字化水平；电力网络是一个国家的工业化基础，算力网络是一个国家的数字化基础。

【中国工程院院士、上海交大安泰经管学院讲席教授凌文：确定性网络是能源算力低碳耦合的必要支撑——经济观察网（eeo.com.cn）】

17. 钱德沛（中国科学院院士、计算机科学家）——新京报新京智库访谈（2023/8/20）

我们自己能造计算机，但如果没有高端的芯片，就会导致能耗更高。更高性能与更低能耗实际上是我们面临的同一个挑战。我们要在这两方面都有突破，才能走出一条中国的高性能、低能耗的计算之路。

【钱德沛院士：应把国家投入的高端算力尽快联成一张"网"——腾讯网（qq.com）】

18. 朱共山（协鑫集团董事长）——2023 长三角算力发展大会（2023/8/27）

长期以来，协鑫集团与华为围绕数字能源等开展全维度合作，电力+储能+算力三位一体，源网荷储光储充算协同发展。"数实融合"，离不开"算启未来"。电力+算力=新型生产力。电力+储能+算力，将为新型电力系统构筑坚实保障。

【朱共山：以"电力+储能+算力"提速数字能源——新浪财经（sina.com.cn）】

19. 萨蒂亚·纳德拉（微软 CEO）——微软 2023 财年的年度财务报告（2023/10/16）

技术是一个强大的杠杆，可以帮助我们避免气候变化带来的最严重的影响。这就是为什么我们加速投资于更高效的数据中心、清洁能源、增强微软云可持续性以及行星计算机和绿色软件实践的原因。迄今为止，通过我们的气候创新基金，我们已经为 50 多项投资分配了超过 7 亿美元，这些投资涵盖能源、工业和自然系统的可持续解决方案。

【微软 CEO 纳德拉年度信：抓住机遇全力发展人工智能！——腾讯网（qq.com）】

20. 苏姿丰（AMD CEO）——AMD Advancing AI 活动（2023/12/6）

能源效率对于 HPC 和 AI 领域至关重要，因为这些应用中充斥着数据和资源极其密集的工作负载。MI300A APU 将 CPU 和 GPU 核心集成在一个封装中，可提供高效的平台，同时还可提供加速最新的 AI 模型所需的训练性能。在 AMD 内部，能源效率的创新目标定位为 30×25，即 2020—2025 年，将服务器处理器和 AI 加速器的能效提高 30 倍。

【AMD 年终大秀：MI300 正面挑战英伟达，Lisa Su 首谈 AI 三大战略——与非网（eefocus.com）】

21. 朱华（中国能源研究会能源供给与绿色消费专业委员会委员、万物新能CEO）——第十八届中国 IDC 产业年度大典（2023/12/12）

电力方面的创新和探索将为算力产业带来更大的发展空间；电力体制改革将为算力产业带来更多的机遇；安全储能模式微创新将带来更大的收益。

【算力进化 数字开物——第十八届中国 IDC 产业年度大典盛大召开——热点科技（ITheat.com）】

22. 王永真（北京理工大学副教授，机械与车辆学院动力系统所副所长）——第十八届中国 IDC 产业年度大典（2023/12/12）

白皮书其内涵在于实现数据中心"算力网"与"电力网"和"热力网"之间的协同规划和调度，以充分挖掘数据中心上游能源供应、中游计算任务和下游余热回收的互动潜能，以助力数据中心与邻域的能源互联互动，提高能源利用效率和可再生能源消纳能力，降低运行成本和环境影响。

【《算力-电力-热力协同：数据中心综合能源技术发展白皮书》在京发布——新华社客户端】

23. 李洁（中国信息通信研究院云大所副所长、绿色网格主席）——2023 绿

色网格低碳论坛（2023/12/21）

业界需要从加快绿色低碳相关标准制定、持续开展数据中心绿色低碳等级评估测试、深化产业合作扩大行业影响力等三个方面来持续构建绿色算力体系，不断满足可持续发展要求，降低社会总体能耗与碳排放。

【算力赋能　绿色低碳 ｜ 2023 绿色网格低碳论坛成功召开——DTDATA（dtdata.cn）】

24. 山姆·奥特曼（OpenAI 首席执行官）——2024 年度世界经济论坛（2024/1/18）

人工智能的发展将需要大量能源，但我坚信这会迫使我们更多地投资于能够提供这种能源的技术。这些技术都不能再依赖传统的燃煤技术，否则会有巨量的碳排放从中产生。我认为核聚变可能是最有可能的解决方案，或者至少是第二选择。目前，全球在能源供应方面并未展现出足够的灵活性。然而，正如你所强调的，人工智能并不会等待我们找到足够的能源才开始发展。它推动我们更加积极地投资于核聚变、新型存储技术等领域，以及如何以人工智能所需乃至全球所需的巨大规模来提供能源。

【奥特曼达沃斯访谈全文：AGI 即将出现，未来最重要的资源是算力和能源——腾讯网（qq.com）】

25. 帕特里克·格尔辛格（英特尔 CEO）——英特尔首届晶圆代工主题盛会 Intel Foundry Direct Connect 大会（2024/2/21）

未来几年我们将再次遇到产能紧张。如果要建造巨大的 AI 系统，以指数级方式增加算力，这将会消耗大量能源。英特尔将致力于降低所构建和交付的每个芯片的功耗、提高能效，这也是摩尔定律的关键之一，摩尔定律始终是追求性能更快、更低功耗和更低成本。降低每单位计算性能的功耗，是摩尔定律推动产品路线图的重要部分。

【预测 AI 芯片产能将更加吃紧！英特尔高管谈代工竞争力：优惠价格、先进封装、绝对保密——腾讯网（qq.com）】

26. 埃隆·马斯克（特斯拉首席执行官）——"博世互联世界 2024"（2024/2/29）

我从未见过任何技术能比人工智能计算能力的发展更快。人工智能上线的算力似乎每 6 个月就会增加 10 倍。我们不可能一直以这样的速度增长，否则就会很快超过宇宙的质量。显然，它会碰到一些限制，人工智能算力的限制。这很容易预见，事实上我在一年多前就预测到了这一点——一年多前的芯片短缺，神经网络芯片。然后，很容易预测，接下来短缺的会是降压变压器。你得给这些芯片供电。我认为明年，会看到没有足够的电力来运行所有的芯片。我们都希望避免出现第二次芯片危机。

【AI 的下一阶段是电力短缺、英伟达市值还要继续新高——马斯克最新采访

全文！——华尔街见闻（wallstreetcn.com）】

27. 陈晓红（全国政协委员，中国工程院院士、湖南工商大学党委书记）——《湖南日报》访谈（2024/3/8）

建立"算力、数据、能源"一体化服务机制，从而鼓励行业企业、科研机构、高校等使用绿色低碳算力资源。建立"算力、算据、算法、算网"一体的智算中心，形成更加智能化、个性化、多元化的算力服务解决方案。

【全国政协委员陈晓红：健全算力网服务生态体系——中国能源网（cnenergynews.cn）】

28. 郭亮（中国信息通信研究院云计算与大数据研究所总工程师，正高级工程师）——《中国算力产业发展挑战与建议》（2024/3/12）

大模型等技术的迅速发展为算力产业发展带来了新挑战，目前中国算力核心技术创新力度不够，技术方面仍存在相对短板。在绿色低碳方面，中国现有先进数据中心电能利用效率最低已达 1.05 以下，达世界先进水平，但源网荷储一体化供电系统等低碳发展重要技术推广仍然受限，源荷对接存在一定困难。

【郭亮. 中国算力产业发展挑战与建议[J]. 信息通信技术与政策，2024，50（2）：2-6.】

29. 温小振（中国信息通信研究院云计算与大数据研究所数据中心部助理工程师）——《综合算力发展现状与趋势分析》（2024/3/12）

当前，中国在能源利用、碳排放控制等方面取得了显著成果，但针对新型储能应用场景还不够丰富。算力设施作为用电大户，推广新型储能在算力设施的应用，有助于进一步提高能源利用效率，实现资源的最优配置，对提升园区绿色低碳发展的能力具有重要指导意义。

【温小振，常金凤，吴美希. 综合算力发展现状与趋势分析[J]. 信息通信技术与政策，2024，50（2）：7-11.】

30. 刘烈宏（国家数据局党组书记、局长）——《加快构建全国一体化算力网 推动建设中国式现代化数字基座》（2024/3/19）

党的二十大报告提出，要"协同推进降碳、减污、扩绿、增长，推进生态优先、节约集约、绿色低碳发展"[①]。一方面，通过全国一体化算力网的系统布局，可以充分发挥西部地区气候、能源、环境等方面的优势，引导数据中心向西部资源丰富地区聚集，扩大可再生能源的供给，促进可再生能源就近消纳，加强数据、算力和能源之间的协同联动，助力中国数据中心实现低碳、绿色、可持续发展。另一方面，中国数字经济正处于高速发展时期，算力与电力正在形成相互支撑、

---

① 《习近平：高举中国特色社会主义伟大旗帜 为全面建设社会主义现代化国家而团结奋斗——在中国共产党第二十次全国代表大会上的报告》，https://www.gov.cn/xinwen/2022-10/25/content_5721685.htm，2024-03-19.

协同发展的新态势，数据中心的高效运转离不开大量电力保障，电力系统的平稳高效运行也离不开算力支撑，构建全国一体化算力网可以通过统筹算力电力协同布局，有助于促进风光绿电消纳，加强资源节约集约循环高效利用，积极稳妥推进碳达峰碳中和。

【刘烈宏. 加快构建全国一体化算力网　推动建设中国式现代化数字基座[J]. 中国信息化，2024，（4）：5-8.】

31. 方行健（丹佛斯 CEO）——中国发展高层论坛"数字化赋能产业转型专题研讨会"（2024/3/25）

节约下来的能源，是最绿色的能源。我们所有的数据中心都有大量的热能，我们可以通过热回收技术回收这些热能，并将其通过区域能源系统接入到热网，为我们的房屋、空间、热水等供暖，这其实是非常好的业务机会。

【丹佛斯 CEO 谈数字化转型升级：数据中心行业能效提升是关键——澎湃新闻（thepaper.cn）】

32. 费珍福（华为数据中心能源领域总裁）——数据中心能源十大趋势发布会（2024/3/23）

数智化时代，全球算力需求呈现指数级增长，数据中心迎来建设热潮。与此同时，碳中和目标下，数据中心产业的节能减排和绿色转型势在必行，挑战与机遇并存。华为基于自身实践和行业洞察，面向全球发布未来五年数据中心能源十大趋势，以趋势明晰方向，助力数据中心产业低碳可持续发展。

【智简 DC，绿建未来 | 华为发布 2023 数据中心能源十大趋势——华为数字能源（huawei.com）】

33. 王成山（中国工程院院士、天津大学教授）——《国家电网报》访谈（2024/4/11）

电力系统从来没有像现在这样，需要那么迫切地去交叉融合。这个趋势是双向的交叉融合，且前景广阔、需求迫切。一是电气工程学科的内部融合；二是与外部的学科融合，比如人工智能、信息工程；三是能源业态融合，比如综合能源服务、氢电耦合等。未来，应推动基于大数据大模型的应用落地实践，着力提升工业高载能负荷灵活性，加强居民类海量负荷供需互动、工商业建筑"光储直柔"互动，构建切实有效的车网双向互动体系，推动共享储能、虚拟电厂等技术的大范围、规模化应用。

【促进供需互动，推动配电网高质量发展——访中国工程院院士、天津大学教授王成山——中国工程院院士馆（ysg.ckcest.cn）】

34. 曹军威（清华大学信息国家研究中心研究员）——《中国能源观察》专访（2024/4/16）

全国一体化算力体系以算能融合理念为核心基石，其发展会呈现以下趋势和特点：互联互通：在网络互联互通的基础上，要实现算力和应用互联互通，将增强对能源互联的需求，进一步推动信息能源基础设施一体化。基础制度：数据确权、共享、交易、安全等基础制度的不断完善，会大力促进能源数字化智能化的发展。技术创新：通用人工智能引发新一轮技术革命，将深刻影响甚至颠覆传统能源系统从设计、建设、运行到运营各环节，真正形成新质生产力，推动能源行业转型升级焕新。标准规范：算能融合将催生新一轮跨界标准规范的制定和实施，传统专业化的知识壁垒将不复存在，跨领域合作协同将无处不在。市场环境：数据和算力的发展将逐步形成全国统一算力大市场，而能源电力体制改革和市场化交易的推进也处于关键阶段，两者可以互相促进。

【曹军威. 算能融合——构建全国一体化算力体系的基石[J]. 中国能源观察，2024，（3）：68-71.】

35. 黄仁勋（美国工程院院士、NVIDIA 公司创始人兼首席执行官）——CadenceLIVE Silicon Valley 2024（2024/4/20）

一旦数万台通用服务器运行，将消耗 10 倍到 20 倍的成本，20 倍到 30 倍的能源，加速计算就是必不可少的。随着 CPU 扩展速度逐步放缓，人们必须转向加速计算，同时 AI 技术也可以降低能源成本。通过设计更好的软件，更好的芯片，更好的系统，我们能够为世界节省的能源对社会有永久的好处。一方面，我们将消耗更多的电力和数据中心人工智能；另一方面，对于其他 98% 的电力消耗和能源消耗，我们将减少它。设计出更好的电脑、更好的汽车、更好的手机等。

【黄仁勋：AI 促使能耗成本降 10 倍，未来所有人都将构建人形机器人 | 钛媒体 AGI——腾讯网（qq.com）】

36. 马克·扎克伯格（Facebook CEO）——油管 Dwarkesh Patel 频道采访（2024/5/13）

AI 数据中心的 GPU 紧缺已在缓解过程中，未来的瓶颈将是电力供应。目前新建的单一数据中心在整体功耗方面可达到 50—100 MW 乃至 150 MW。整体而言各国对能源行业的管理更为严格，这意味着为大型数据中心建设配套能源设施（包括发电站、变电站、输电系统）的审批更为缓慢。同时这些设施本身的建设周期也较长。AI 数据中心的增长不可能长期维持目前的速度，终将遭遇电力瓶颈：能源行业不同于 AI，资本投入不能在短时间内收获成效，新增电力供给的交付远慢于数据中心本身。

【扎克伯格：AI 数据中心 GPU 紧缺正在缓解，电力将成新瓶颈——网易订阅（163.com）】

37. Michael Azoff（Omdia 首席分析师）——2024 全球数据中心产业论坛（2024/5/17）

AI 的应用推动数据中心产业发展，也带来挑战。业界亟须创新解决方案，为用于训练 AI 模型的高性能 GPU 供能供冷。

【2024 全球数据中心产业论坛——华为数字能源（huawei.com）】

38. 杨友桂（华为高级副总裁华为数字能源全球营销服体系总裁）——2024 全球数据中心产业论坛（2024/5/17）

AI 正深刻改变着我们的工作与生活，智算产业迎来了前所未有的建设热潮，安全是一切的基础，算力的尽头是电力，巨大的产业机会伴随着艰巨的挑战。

【2024 全球数据中心产业论坛——华为数字能源（huawei.com）】

39. 杨惜琳（合盈数据 CEO）——2024 全球数据中心产业论坛（2024/5/17）

AI 算力指数级增长，有效和充足的能源供应随之成为 AI 时代巨大的挑战，算电协同是成功发展 AI 算力能力的关键。合盈数据面向未来，以数据中心为基，坚持绿色能源供给，以技术创新和模式创新，携手生态伙伴探寻算力的可持续发展之路。

【2024 全球数据中心产业论坛——华为数字能源（huawei.com）】

40. 韩雪（国务院发展研究中心资源与环境政策研究所研究室副主任）——《中国经济时报》专访（2024/5/20）

低碳运营数据中心已经成为缓解 AI 巨大能耗需求的必然选择。一方面，数据中心低碳运营是中国数字经济可持续发展的必然选择；另一方面，数据生产的低碳化也是保障中国数字化竞争力的重要方面。数据中心的低碳运营，核心在于降低能耗、绿电可及和负荷调节能力。数据中心正积极通过能效改善降低碳排放强度，能效水平快速提升。应完善绿色数据中心等激励机制，引导数据中心加快减碳步伐。提高 PUE 值、余热利用率以及可再生能源使用量等指标在绿色数据中心指标体系中的权重，引导低延时需求的数据中心向西布局。在各级政府的数据基础设施规划和可再生能源发展规划中，统筹考虑绿电供给和数据中心用电需求。在大中型数据中心建设审批环节中，强化对 PUE 值、余热利用方式和配套可再生能源项目建设等内容的要求。

【韩雪：数据中心的低碳运营有效缓解 AI 巨大能耗需求——国务院发展研究中心（drc.gov.cn）】

41. 徐锭明（原国务院参事、国家能源专家咨询委员会副主任）——GIIC——2024 GPU Infrastructure Innovation Conference 暨第四届中国 IDC 行业 DISCOVERY 大会（2024/5/21）

超级 AI 的发展将成为电力需求的"无底洞"。AI 正在赋能能源转型，同时 AI 必将推动能源革命。能源革命必须面向"双碳"目标，构建以新能源为主体的新型电力系统，一靠氢能、二靠储能、三靠智能。

【共探大模型时代算力产业发展新方向　院士专家建言献策——新京报（bjnews.com.cn）】

42. 徐立（商汤科技董事长兼 CEO）——博鳌亚洲论坛全球城市绿色发展与乡村振兴论坛大会（2024/5/31）

算力基础设施能耗大、密度高，如何打造绿色算力是行业的新命题。商汤着力推进算、电协同，利用 AI 来规划电力基础设施用电，并结合绿色能源和储能，打造下一代可持续的人工智能基础设施。

【商汤科技董事长兼 CEO 徐立：推进"算电一体化协同"，打造下一代可持续 AI 基础设施——商汤科技（sensetime.com）】

43. 张骏［英特尔（中国）有限公司数据中心与人工智能事业部首席工程师］——【"节能服务进企业"暨绿色数据中心对接推广活动】"智算绿色发展"专题活动（2024/6/6）

可持续计算涉及优化智能、安全及异构计算平台和系统，包括电力和可再生能源整合、性能优化策略、全生命周期的硬件智能管理、先进的供电与散热技术，以及可扩展软件架构，可有效应对大规模人工智能部署带来的能源和资源危机挑战，夯实云计算时代"节能减排降本增效"的基础，助力企业在生成式人工智能时代的"双碳"目标达成。

【"智算绿色发展"专题活动成功举办——中国电子学会（cie.org.cn）】

44. 刘洪（中国移动通信集团设计院有限公司信息建筑业务部总经理、教授级高工）——【"节能服务进企业"暨绿色数据中心对接推广活动】"智算绿色发展"专题活动（2024/6/6）

智算中心建设架构主要由算力基建化、算法基建化、服务智件化、设施绿色化构成，通过"四化"的相互支撑、相互协调，共同构建起智算中心高效运行体系。在节能层面，通过液冷技术，以及模块化预制、实施绿色供应等手段，能让不同用户实现智算基础设施的灵活部署。

【"智算绿色发展"专题活动成功举办——中国电子学会（cie.org.cn）】

45. 陈华（广东申菱环境系统股份有限公司 ICT 和储能事业部首席技术专家）——【"节能服务进企业"暨绿色数据中心对接推广活动】"智算绿色发展"专题活动（2024/6/6）

随着计算需求的增加，数据中心面临的散热挑战加剧，尤其是在超算和智算大模型的发展背景下，液冷技术是应对高密度热管理的可行方向，尤其是风液融合散热技术，能有效提升散热效率。

【"智算绿色发展"专题活动成功举办——中国电子学会（cie.org.cn）】

46. 杨军（阿里研究院高级专家、阿里研究院培训中心教研负责人）——智能背后的电能保障：GPU 算力集群能源挑战的全球视角与中国应对（2024/6/9）

预计 2030 年，GPU 算力集群可能占全国电力消耗的 2.7%，接近重点用能行业的规模，因此需要统筹规划和管理其用电政策，需要重点关注区域性电力缺口和跨区域新能源消纳的问题。

【智能背后的电能保障：GPU 算力集群能源挑战的全球视角与中国应对——南方能源观察微信公众号（mp.weixin.qq.com）】

47. 林今（清华大学电机系长聘副教授，新型电力系统运行与控制全国重点实验室主任助理，清华四川能源互联网研究院智慧氢能系统实验室主任）——《算力如何真的绿：AI 原生的氢能电力系统》（2024/6/14）

随着人工智能（AI）技术的飞速发展，其算力需求也在迅速增长。然而，在算力达到一定规模后，不能忽略其背后的高能耗问题，传统的数据中心和计算基础设施依赖于化石燃料，带来了巨大的碳排放和环境压力。有预测表明，到 2025 年数据中心的用电量占全社会用电量的比重将提升到 5%。面对算力发展带来的电力消费迅猛增长，利用大量快速增长的绿色电力支撑算力发展成为关键举措。

【清华大学林今：《算力如何真的绿：AI 原生的氢能电力系统》——DT 新能源微信公众号（mp.weixin.qq.com）】

48. 魏体伟（美国普渡大学助理教授，芯片级三维系统集成，半导体互连和封装及芯片散热技术专家）——"问芯"专访（2024/6/18）

"两相冲击射流冷却"技术是将充满液体的微通道直接构建在微芯片封装内部，当芯片产生热量时，液体被加热至沸腾，产生的蒸汽带走热量，随后蒸汽冷凝并再次循环，重新开始冷却过程。我们开发的这种散热技术并不仅仅是简单地打个孔通，其中包含了多层微纳加工的微小结构设计，形成了一个非常复杂的多层气液输运分布系统。这样的设计不仅能够高效散热，还能够减小液体流动阻力。事实上，这是一个十分复杂的多学科交叉工程，涉及芯片、电、热以及机械结构的协同设计。

【普渡大学研发芯片级"两相冲击射流冷却"技术，数据中心散热效率提升百倍——问芯微信公众号（mp.weixin.qq.com）】

49. 刘韵洁（中国工程院院士、通信与信息系统专家）——2024 国家能源互联网大会（2024/6/20）

确定性网络技术能有效解决能源互联网与算力互联网的关键问题，对于推动两网协同发展具有重要意义。

【AI 赋能能源互联网 2024 国家能源互联网大会在京圆满落幕_能源频道_央视网（cctv.com）】

50. 李彬（宁夏发改委"东数西算"枢纽建设工作专班招商组组长）——中国智算产业发展研讨会（2024/6/26）

制冷、供配电节能技术的应用：液冷技术通过使用液体冷却系统，可以有效降低数据中心的温度，提高能效，减少能耗。这有助于降低电力成本；模块化的电力系统可以更灵活地满足不同负载需求，减少能源浪费，从而降低成本。

【在中国智算产业发展研讨会暨《中国智算中心发展白皮书（2024 年）》专题研讨会上的发言——斜阳专栏微信公众号（mp.weixin.qq.com）】

51. 郑纬民（中国工程院院士、超算领域专家）——"数能共振 绿算领航"数据中心全生命周期绿色算力指数论坛（2024/6/28）

通过数能融合，推动算力资源的高效配置，突破算力能耗瓶颈，使绿色算力成为与自然共生的社会基础资源，以绿色算力的泛在化助力超级计算力量的发挥

【中国工程院院士郑纬民：算力是新质生产力 与 GDP 正相关——新浪财经（sina.com.cn）】

52. 张雷（远景科技集团董事长）——"数能共振 绿算领航"数据中心全生命周期绿色算力指数论坛（2024/6/28）

人工智能本质上是能源。随着各类大模型的相继面世，一条人工智能界的"牛顿定律"日益明晰：智力就是能量。只要有足够的能量，能产生足够多的算力，就能产生智力。

【算力能耗问题引关注，绿色低碳成数据中心转型新趋势——腾讯网（qq.com）】

53. 周天宇（合盈数据 CTO）——"数能共振 绿算领航"数据中心全生命周期绿色算力指数论坛（2024/6/28）

数据中心在应对大规模需求的同时，第一步面临的挑战就是能源，算力要想发展，首先要解决电力问题，但不能仅依靠传统能源，新能源风电、光伏要接起绿色算力运转的链条，即算电协同，推动绿色数据中心可持续发展。

【算力能耗问题引关注，绿色低碳成数据中心转型新趋势——腾讯网（qq.com）】

54. 张云泉（全国政协委员、中国科学院计算技术研究所研究员）——2023年第四届中国数据中心绿色能源大会（2023 年 6 月 14—15 日）

算力服务的快速崛起，意味着我们进入了算力经济的时代。对于未来的展望讲过很多，东数西算工程标志着算力经济时代正式的拉开帷幕。未来，算力将加速普及，类似于电力插座变成算力插座。我们使用算力不需要带一台电脑，随便一个卡或者一个东西，就可以通过一个标准的计量方式来使用算力。未来还可能会出现类似于发电厂的算力工厂，尤其在西部地区会出现，据说在煤矿、水电站的附近已经开始建设算力工厂，电力极其便宜，成本特别低。

【全国政协委员张云泉：算力经济时代 算网融合带来新变局——极术社区（aijishu.com）】

55. 管晓宏（中国科学院院士、系统工程学家）——第十七届中国电子信息年会（2024 年 4 月 26—28 日）

算力数据基础设施的建设需要大量的能量，数据通信产业将来会是高耗能产

业，需要充分利用零碳能源。

【管晓宏院士解读大算力下"零碳供能"——腾讯网（qq.com）】

56. 陈亮（CDCC 专家技术组委员、博大数据建设部高级副总裁）——2024中国智算中心全栈技术大会暨展览会、第 5 届中国数据中心绿色能源大会暨第 10 届中国（上海）国际数据中心产业展览会（2024 年 6 月 25 日—27 日）

智算中心的关键指标包括算力规模、电力规模、安全性、算力效率 CE、网络效率、鲁棒性。其中，算力效率 CE 是衡量单位算力消耗的性能指标，它比传统的 PUE 更能反映智算中心的能源使用效率。智算生态中心关键指标则包括弹性、安全性、网络效率、混合密度、产业融合度、算力及能源效率。

【博大数据陈亮：数能驱动，双态智算中心共赴未来——腾讯网（qq.com）】